Limit State Design
for
Retaining Wall and Culvert

擁壁・カルバートの限界状態設計

岡本寬昭 Hiroaki OKAMOTO
舞鶴工業高等専門学校名誉教授・工学博士

鹿島出版会

まえがき

　2011年3月11日に起きた東日本大震災は、歴史的記録の中で最大規模の大津波が三陸海岸に来襲し、甚大な災害をもたらした。死者行方不明者は2万余名にのぼる。防潮堤は根こそぎ消失し、その役割を果たさなかった。特に、東京電力福島第一原子力発電所では、津波によって安全装置が機能しなくなり、原子炉が制御不能となって、原子力発電所では最悪の事態である炉心溶融が起きた。事業者は想定外の天災で仕方がなかったと主張している。この主張は市民感覚とかい離している。定期的に発生する巨大地震や巨大津波に対して、その発生頻度と外力を低く見積もり、利益優先を重視するあまり十分な備えを怠ったために深刻な災害が発生したのである。無力であったと素直に認め、今後の方策を打ち立てるべきであろう。千年に一度の巨大地震を、社会基盤施設の設計においてどのように評価するか、これまでの技術を見直しする必要がある。

　国際的に主流になりつつある限界状態設計法は、わが国においてはその導入が遅れている。土木学会コンクリート標準示方書に限界状態設計法が登場したのは1986年であるから、四半世紀が経過したことになる。しかし、社会基盤施設の主体である道路関係の示方書は、いまだに許容応力度設計法によって設計されているのが現実である。合理的で多様性に富み、維持管理にも適用しやすく、耐震性能を照査できる限界状態設計法が広く理解され普及していくべきであると考える。

　著者は、現在、高専において設計製図［通年2単位］を担当し、題材として限界状態設計法による擁壁とカルバートの設計を取り上げている。教科書として市販書籍を採用すべく探したが、適切なものが見つからなかった。そこで、自作のテキストで授業を進めてきた。本書は、このテキストを加筆し出版する運びとなったものである。初学者が取り組みやすいよう計算式やその過程を明示し、説明図も多く取り入れ、できるだけ丁寧に執筆したつもりである。大学・高専・専門学校の建設系学生および若手技術者の教科書や参考書として活用いただければ望外の喜びである。

　本書の出版にご協力いただいた舞鶴工業高等専門学校関係者並びに水嶋クリエイティブグループオーナー水嶋亨氏に深謝いたします。

2012年3月

著者しるす

目　次

まえがき

第Ⅰ編　限界状態設計法概説　　*1*

1 限界状態設計法について ……………………………………………… *2*
2 安全係数 ………………………………………………………………… *3*
3 安全性の照査方法 ……………………………………………………… *3*
4 鉄筋コンクリート構造の断面解析 …………………………………… *4*
 4.1 断面諸値 …………………………………………………………… *4*
 4.2 断面破壊状態の断面解析 ………………………………………… *5*
  4.2.1 材料の設計強度 ……………………………………………… *5*
  4.2.2 曲げモーメントのみを受ける部材の設計曲げ耐力 ……… *6*
  4.2.3 曲げモーメントと軸方向力を受ける場合の設計断面耐力と安全性照査 … *7*
  4.2.4 せん断耐力 …………………………………………………… *9*
  4.2.5 設計斜め圧縮破壊耐力 ……………………………………… *10*
5 耐久性に関する照査 …………………………………………………… *11*

第Ⅱ編　擁　壁　　*13*

1 擁壁の設計要点 ………………………………………………………… *14*
 1.1 概　説 ……………………………………………………………… *14*
 1.2 擁壁の分類 ………………………………………………………… *14*
  1.2.1 用途による分類 ……………………………………………… *14*
  1.2.2 使用材料による分類 ………………………………………… *14*
  1.2.3 構造形式による分類 ………………………………………… *14*
  1.2.4 施工形態による分類 ………………………………………… *15*
 1.3 擁壁の構造と擁壁に加わる力 …………………………………… *17*
 1.4 設計手法 …………………………………………………………… *18*
  1.4.1 設計フロー …………………………………………………… *18*
  1.4.2 限界状態設計法による安全性照査 ………………………… *18*
  1.4.3 設計荷重状態 ………………………………………………… *18*
  1.4.4 試行くさび法による土圧算定 ……………………………… *19*

1.4.5		地震時における試行くさび法による土圧算定式	19
1.4.6		剛体安定性	20
	1.4.6.1	転倒に対する検討	20
	1.4.6.2	水平支持（滑動）に対する検討	21
	1.4.6.3	鉛直支持に対する検討	21
1.4.7		たて壁の任意の高さにおける断面力	23
1.4.8		限界状態設計法による要求性能と照査項目	24

1.5 擁壁の配筋方法 ………………………………… 24
1.6 構造細目 …………………………………………… 24
   1.6.1 たて壁の傾斜勾配 …………………………… 24
   1.6.2 伸縮継目 ……………………………………… 25
   1.6.3 鉛直目地（ひび割れ誘発目地） …………… 25
   1.6.4 擁壁の排水工 ………………………………… 25
   1.6.5 擁壁縦断方向の設計 ………………………… 26

2 逆Ｔ形鉄筋コンクリート擁壁の設計例 …… 26

2.1 設計条件 …………………………………………… 26
   2.1.1 一般条件 ……………………………………… 26
   2.1.2 使用材料 ……………………………………… 28
   2.1.3 荷重条件 ……………………………………… 28
   2.1.4 安全性照査項目 ……………………………… 28
   2.1.5 安全係数 ……………………………………… 29

2.2 剛体安定に対する検討 …………………………… 29
   2.2.1 剛体安定計算 ………………………………… 29
      2.2.1.1 荷重計算 …………………………… 29
      2.2.1.2 上載土重量（仮想背面土の重量） … 30
      2.2.1.3 全体の自重および重心位置 ……… 31
      2.2.1.4 仮想背面に作用する主働土圧の計算 … 31
      2.2.1.5 最大土圧および作用位置の計算 … 32
      2.2.1.6 土　圧 ……………………………… 32
      2.2.1.7 荷重の総括 ………………………… 33
   2.2.2 剛体安定の照査 ……………………………… 34
      2.2.2.1 転倒に対する検討 ………………… 34
      2.2.2.2 水平支持に対する検討 …………… 35
      2.2.2.3 鉛直支持に対する検討 …………… 36
   2.2.3 供用荷重による地盤の支持力 ……………… 37
      2.2.3.1 設計許容支持力 …………………… 37
      2.2.3.2 地盤の支持力に対する検討 ……… 37

2.3 躯体各部の設計 …………………………………… 39
   2.3.1 たて壁の設計 ………………………………… 39
      2.3.1.1 たて壁に作用する土圧 …………… 39

				2.3.1.2	たて壁の断面破壊に対する検討 ……………………	42

- 2.3.1.2　たて壁の断面破壊に対する検討 …………………………… 42
- 2.3.1.3　たて壁の断面寸法および鉄筋配置 …………………………… 43
- 2.3.1.4　設計強度 …………………………………………………… 43
- 2.3.1.5　鉄筋比の照査 ……………………………………………… 43
- 2.3.1.6　たて壁の断面破壊の安全性に対する検討 …………………… 44
- 2.3.1.7　たて壁の曲げひび割れ幅の検討 ……………………………… 44
- 2.3.2　底版の設計 ………………………………………………………………… 46
  - 2.3.2.1　地盤反力の計算 …………………………………………… 46
  - 2.3.2.2　底版の断面破壊に対する検討 ……………………………… 48
  - 2.3.2.3　底版の設計断面力の総括 …………………………………… 52
  - 2.3.2.4　つま先版における安全性の照査 …………………………… 53
  - 2.3.2.5　かかと版における安全性の照査 …………………………… 55
  - 2.3.2.6　底版断面の鉄筋比の照査 …………………………………… 57
  - 2.3.2.7　底版のひび割れ幅に対する検討 …………………………… 57
- 2.4　設計図面の作成 ………………………………………………………………………… 58
  - 2.4.1　鉄筋配置 …………………………………………………………………… 58
  - 2.4.2　鉄筋の定着長 ……………………………………………………………… 59
  - 2.4.3　たて壁の鉄筋加工寸法 …………………………………………………… 60
  - 2.4.4　底版の鉄筋加工寸法 ……………………………………………………… 60
  - 2.4.5　鉄筋の加工寸法の総括 …………………………………………………… 61

第Ⅲ編　カルバート　　63

1　ボックスカルバートの設計要点 ………………………………………………………… 64

- 1.1　概　説 ……………………………………………………………………………………… 64
- 1.2　カルバートの分類 ………………………………………………………………………… 64
  - 1.2.1　使用材料による分類 ……………………………………………………… 64
  - 1.2.2　構造形式による分類 ……………………………………………………… 64
  - 1.2.3　使用目的による分類 ……………………………………………………… 64
  - 1.2.4　施工形態による分類 ……………………………………………………… 64
- 1.3　ボックスカルバートの構造形態と名称・記号 ………………………………………… 65
- 1.4　設計荷重 …………………………………………………………………………………… 66
  - 1.4.1　荷重の種類 ………………………………………………………………… 66
  - 1.4.2　土　圧 ……………………………………………………………………… 66
    - 1.4.2.1　鉛直土圧 ………………………………………………………… 66
    - 1.4.2.2　水平土圧 ………………………………………………………… 66
  - 1.4.3　活荷重 ……………………………………………………………………… 67
    - 1.4.3.1　活荷重による鉛直土圧 ………………………………………… 67
    - 1.4.3.2　活荷重による水平土圧 ………………………………………… 68

- 1.5 断面力の計算 ·· 68
  - 1.5.1 断面力の計算に用いる荷重の組み合わせ ··· 69
    - 1.5.1.1 土かぶり4m未満の場合 ·· 69
    - 1.5.1.2 土かぶり4m以上の場合 ·· 69
  - 1.5.2 たわみ角法による解析 ·· 69
    - 1.5.2.1 たわみ角法による断面力の算定 ·· 69
    - 1.5.2.2 荷重項の計算 ·· 71
- 1.6 ボックスカルバートの耐震性 ··· 72
- 1.7 ボックスカルバートの設計フロー ··· 72
- 1.8 本書の対象と適用規準 ··· 72

2 ボックスカルバートの設計例 74

- 2.1 設計条件 ··· 74
  - 2.1.1 一般条件 ··· 74
  - 2.1.2 地質条件 ··· 74
  - 2.1.3 作用荷重 ··· 74
  - 2.1.4 使用材料 ··· 74
  - 2.1.5 環境条件 ··· 74
- 2.2 断面仮定 ··· 75
- 2.3 設計基準 ··· 75
- 2.4 断面破壊に対する検討 ··· 76
  - 2.4.1 設計荷重 ··· 76
    - 2.4.1.1 活荷重 ··· 76
    - 2.4.1.2 荷重項の計算 ·· 79
    - 2.4.1.3 ラーメン解析 ·· 80
  - 2.4.2 部材の設計断面力の計算 ·· 82
    - 2.4.2.1 荷重ケース1の部材の設計断面力 ··· 82
    - 2.4.2.2 荷重ケース2の部材の設計断面力 ··· 85
    - 2.4.2.3 設計断面力の比較 ·· 89
  - 2.4.3 断面寸法および主鉄筋の配置 ··· 89
  - 2.4.4 曲げモーメントおよび軸方向力に対する検討 ······································· 89
    - 2.4.4.1 材料の設計強度 ··· 89
    - 2.4.4.2 照査断面 ·· 90
    - 2.4.4.3 側壁 $M_1 \sim M_5$ 点に対する安全性照査 ······································· 90
    - 2.4.4.4 頂版 $M_6 \sim M_8$ 点に対する安全性照査 ······································· 97
    - 2.4.4.5 底版 $M_9 \sim M_{11}$ 点に対する安全性照査 ···································· 100
    - 2.4.4.6 鉄筋比の照査 ·· 105
  - 2.4.5 せん断力に対する検討 ··· 105
    - 2.4.5.1 安全性照査法および照査位置 ··· 105
    - 2.4.5.2 設計せん断力および断面諸値 ··· 106
    - 2.4.5.3 $S_1 \sim S_4$ 点におけるせん断補強鉄筋の配置とその安全性照査 ······ 107

2.5 耐久性に対する安全性照査（曲げひび割れの検討） 111
2.5.1 荷重と安全係数 111
2.5.2 供用荷重 112
2.5.3 荷重項の計算 112
2.5.4 ラーメン解析 113
2.5.4.1 剛比 113
2.5.4.2 節点曲げモーメント 113
2.5.5 各部材断面力 113
2.5.5.1 側壁（A～B）（C～D） 113
2.5.5.2 頂版（B～C） 114
2.5.5.3 底版（D～A） 115
2.5.5.4 断面力の集計 115
2.5.6 曲げひび割れ幅の安全性照査 116
2.5.6.1 曲げひび割れ幅の計算 116
2.5.6.2 側壁下端部（A 点から 0.300 m の位置） 116
2.5.6.3 頂版中央部 117
2.5.6.4 底版中央部 118
2.5.7 曲げひび割れ幅の検討結果および考察 119
2.6 配筋詳細 119
2.6.1 主鉄筋とその定着長 119
2.6.2 主鉄筋の配置と加工寸法 119
2.6.3 せん断補強鉄筋の配置および形状 120
2.6.4 配力鉄筋および圧縮鉄筋 122
2.6.5 隅角部の配筋 123
2.6.6 鉄筋表 124

設計図　逆 T 形鉄筋コンクリート擁壁 ..... 折込
設計図　鉄筋コンクリート製ボックスカルバート ..... 折込

参考文献 127

資料　付表 1　異形鉄筋の規格 129
　　　　付表 2　異形鉄筋の断面積 129
　　　　付表 3　コンクリートの設計基準強度 f'_{ck} とヤング係数 E_c 129

コラム 1　鉄筋コンクリート構造の破壊形式　　12
コラム 2　代数方程式の数値解法　　62
コラム 3　限界状態設計法における安全係数　　73
コラム 4　構造物の耐用期間における性能とコスト　　125

索引　131

第Ⅰ編

限界状態設計法概説

1 限界状態設計法について

　コンクリート構造物の設計法は、国際的に見て許容応力度設計法から限界状態設計法へ移行している。ここでは、土木学会コンクリート標準示方書[1]に基づいた限界状態設計法について述べる。限界状態とは構造物が施工中および供用中に断面破壊したり、構造物の変形や変位が不安定になったり、変形や振動によって使用性に支障をきたしたり、材料の劣化による機能低下を招いたり、等の構造物に本来要求されている性能を満足しなくなる限界の状態をいう。限界状態設計法とは、規定された限界状態を満足するように設計を行うことである。すなわち、構造物に作用する力を限界状態の手前で食い止めることで安全性を確保するのが限界状態設計法である。限界状態に対してどの程度の安全余裕を持たせるかが設計上のキーポイントとなる。また、利点としては構造物の耐力や破壊状態を明確化し、その性能を評価できること、画一的でなく多面的な設計が可能であることが挙げられる。

　限界状態は一般に、耐久性、安全性、使用性、耐震性に対して設定され、表1-1にその内容と性能指標を示す。

表 1-1　限界状態の内容と性能指標

要求性能	限界状態	内容	照査指標
耐久性	鋼材腐食	材料劣化により生じる経時的な構造物の機能低下の限界状態	ひび割れ幅、塩化物イオン濃度、中性化深さ
安全性	断面破壊	構造物が耐荷力を保持することができなくなる限界の状態	力
	疲労破壊	繰り返し荷重に対して構造物が耐荷能力を保持することができなくなる限界の状態	応力度、力
	変位・変形・メカニズム	構造物の変位・変形・メカニズム、基礎構造物の変位・変形などによる不安定な状態	変位、変形
使用性	外観	ひび割れ、汚れなどが不安感や不快感を与え、構造物の使用を妨げる状態	ひび割れ幅、応力度
	騒音・振動	構造物から生じる騒音や振動が周辺環境に悪影響を及ぼし構造物の使用を妨げる状態	騒音、振動レベル
	走行性・歩行性	車両や歩行者が快適に走行および歩行できなくなる状態	変位、変形
	水密性	水密機能を要する構造物が透水、透湿により機能を損なう状態	透水量、ひび割れ幅
	損傷	変動荷重、環境作用などの原因による損傷が生じ、そのまま使用することが不適当になる状態	力、変形
耐震性	断面破壊 変位・変形 復旧	地震時の安全性と地震後の使用性や復旧性が確保できない状態	力、変位、回転角、破壊形態

2 安全係数

　実際の構造物は、想定外の荷重が載荷されたり、材料の品質や部材寸法にばらつきがあったり、重要度や使用形態が異なったり、また、設計計算上の不確実性を伴う。限界状態設計法では、性能別に安全性を照査する目的で安全係数が用いられる。安全係数は、材料の品質のばらつきを配慮した材料係数 γ_m、部材寸法のばらつきや部材の重要度を配慮した部材係数 γ_b、荷重のばらつきを配慮した荷重係数 γ_f、構造解析の不確実性を配慮した構造解析係数 γ_a、構造物の重要度や社会経済的影響を配慮した構造物係数 γ_i が導入されている。設計の過程に応じて安全係数を設定することから部分安全係数法とも呼ばれる。コンクリート標準示方書[1]に示されている標準的な安全係数の値を**表 1-2** に示す。

表 1-2 標準的な安全係数の値（線形解析を用いる場合）[1]

安全係数 限界状態		材料係数 γ_m		部材係数 γ_b	構造解析係数 γ_a	荷重係数 γ_f	構造物係数 γ_i
		コンクリート	鉄筋				
安全性	断面破壊	1.3	1.0 または 1.05	1.1～1.3	1.0	1.0～1.2	1.0～1.2
	疲労破壊	1.3	1.05	1.0～1.1	1.0	1.0	1.0～1.1
耐久性	中性化	1.0 または 1.3	—	—	1.15	—	1.0～1.1
	塩害		—	—	1.3	—	1.0～1.1
	凍害		—	—	—	—	1.0～1.1
	化学的浸食		—	—	—	—	—
使用性		1.0	1.0	1.0	1.0	1.0	1.0

　次に、他の示方書や規準に規定されている規格値および公称値を本設計法に使用する場合は、修正係数が用いられる。荷重の規格値がある場合は、荷重修正係数 ρ_f を掛けて荷重の特性値を求める。例えば、道路橋示方書[2]に規定されている輪荷重の場合は次のように算出される。

$$\text{設計輪荷重} = \text{輪荷重（T-25）} \times \text{荷重修正係数 } \rho_f \times \text{荷重係数 } \gamma_f$$

　安全係数および荷重修正係数の値は、本来確率論によって決定されるべきものであるが、データが少なく、経験的事実に基づいた決定論的手法で定められているのが現状である。

3 安全性の照査方法

　限界状態設計法における安全性の照査は一般に次式により行われ、この不等式を満足すれば安全であると判断する。設計作用力が設計抵抗力を下回ることを確認することでその安全性を保障する設計法である。

$$\gamma \cdot \frac{S_d}{R_d} \leq 1.0 \qquad \therefore \text{OK} \tag{1-1}$$

ここに、S_d：設計応答値（設計作用力、設計断面力）、R_d：設計限界値（設計抵抗力、設計断面耐力）、γ：安全係数

　断面力とは、設計荷重によって生じる応答値、すなわち、曲げモーメント、軸方向力（軸力と略称する）、せん断力を指す。断面耐力とは、部材の断面が破壊する限界値、すなわち、曲げ耐力、軸方向耐力（軸耐力と略称する）、せん断耐力を指す。

　限界状態設計法は、構造物が破壊することを前提とし、その構造物の耐力や破壊状態を明らかにできる設計法である。

　限界状態設計法による断面破壊に対する安全性照査のフローを**図1-1**に示す。

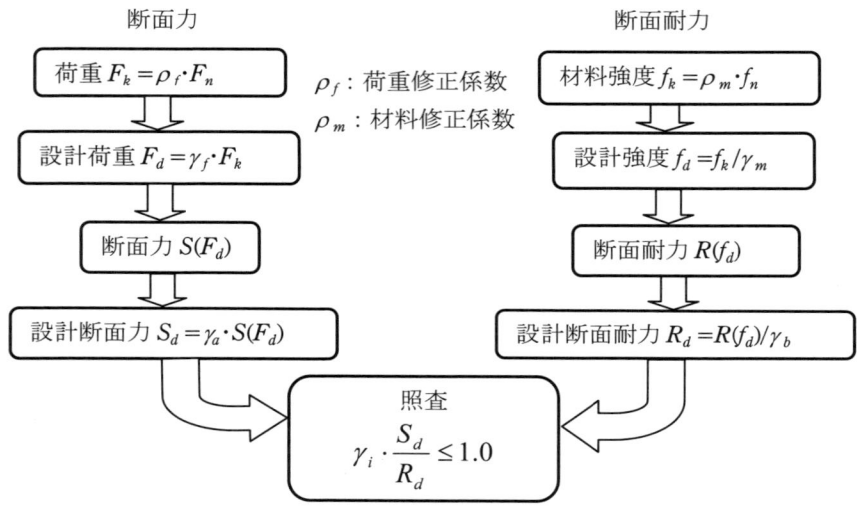

図1-1　限界状態設計法による安全性照査のフロー

4　鉄筋コンクリート構造の断面解析

　本書での計算において、必要となる鉄筋コンクリート構造の基本的な断面解析を以下に示す[3]。

4.1　断面諸値

　図1-2に示す複鉄筋長方形断面の断面諸値に関する計算式を示す。なお、単鉄筋長方形断面の場合は、式中で$A'_s=0$、$f'_{yd}=0$を代入すればよい。

換算断面積

$$A_g = b \cdot h + n \cdot (A_s + A'_s) \tag{1-2}$$

ここに、A_g：換算断面積（mm²）、b：幅（mm）、h：全高（mm）、A_s：下側鉄筋の断面積（mm²）、A'_s：上側鉄筋の断面積（mm²）、n：ヤング係数比（$=E_s/E_c$）、E_s：鉄筋のヤング係数（N/mm²）、E_c：コンクリートのヤング係数（N/mm²）

図心の位置

$$y_0 = \frac{\frac{1}{2} b \cdot h^2 + n \cdot (A_s \cdot d + A'_s \cdot d')}{b \cdot h + n \cdot (A_s + A'_s)} \tag{1-3}$$

ここに、y_0：図心の位置（mm）、d：有効高さ（mm）、d'：上縁から上側鉄筋の図心までの距離（mm）

図心軸に関する換算断面二次モーメント

$$I_g = \frac{b}{3} \left\{ y_0^3 + (d-y_0)^3 \right\} + n \cdot \left\{ A_s \cdot (d-y_0)^2 + A'_s \cdot (y_0-d')^2 \right\} \tag{1-4}$$

ここに、I_g：図心軸に関する換算断面二次モーメント（mm⁴）

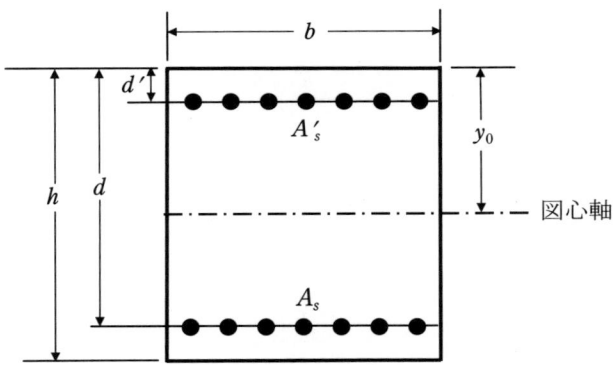

図 1-2　複鉄筋長方形断面

4.2　断面破壊状態の断面解析

4.2.1　材料の設計強度

コンクリートおよび鉄筋の設計強度は次式によって計算する。

$$f'_{cd} = \frac{f'_{ck}}{\gamma_c} \tag{1-5}$$

ここに、f'_{cd}：コンクリートの設計圧縮強度（N/mm²）、f'_{ck}：コンクリートの圧縮強度の特性値（N/mm²）、γ_c：コンクリートの材料係数

$$f_{yd} = \frac{f_{yk}}{\gamma_s} \qquad f'_{yd} = \frac{f'_{yk}}{\gamma_s} \tag{1-6}$$

ここに、f_{yd}：鉄筋の設計引張降伏強度（N/mm²）、f_{yk}：鉄筋の引張降伏強度の特性値（N/mm²）、γ_s：鉄筋の材料係数、f'_{yd}：鉄筋の設計圧縮降伏強度（N/mm²）、f'_{yk}：鉄筋の圧縮降伏強度の特性値（N/mm²）

4.2.2 曲げモーメントのみを受ける部材の設計曲げ耐力

図1-3に示す曲げモーメントのみを受ける断面の設計曲げ耐力を示す。

$$a = \frac{f_{yd} \cdot A_s - f'_{yd} \cdot A'_s}{0.85 f'_{cd} \cdot b} \tag{1-7}$$

$$M_{ud} = \frac{(f_{yd} \cdot A_s - f'_{yd} \cdot A'_s) \cdot \left(d - \frac{a}{2}\right) + f'_{yd} \cdot A'_s \cdot (d - d')}{\gamma_b} \tag{1-8}$$

ここに、M_{ud}：設計曲げ耐力、a：等価応力ブロックの高さ（mm）、f_{yd}：鉄筋の設計引張降伏強度（N/mm²）、f'_{yd}：鉄筋の設計圧縮降伏強度（N/mm²）、f'_{cd}：コンクリートの設計圧縮強度（N/mm²）、γ_b：部材係数

式(1-7)および式(1-8)は、引張鉄筋および圧縮鉄筋が降伏している状態である。鉄筋コンクリート構造は、圧縮側のコンクリートが引張鉄筋の降伏より先に破壊すれば脆性的な破壊形式となり構造的に不利となる。

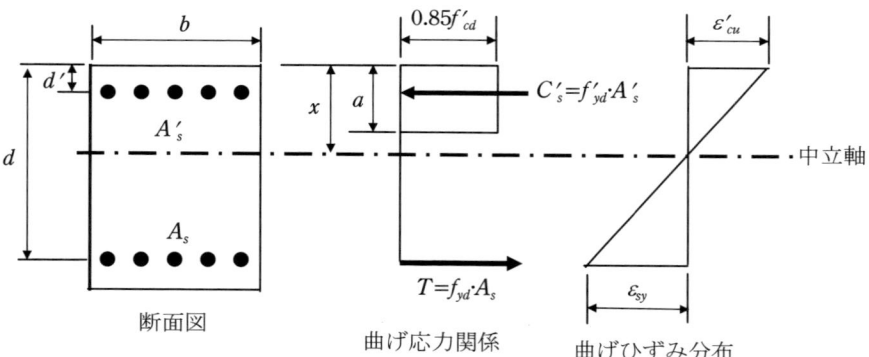

図1-3 曲げモーメントのみが作用する断面の等価応力ブロックとひずみ分布

したがって、引張鉄筋および圧縮鉄筋が降伏していることを確認する必要がある。そのため鉄筋比を用いて、式(1-9)により引張鉄筋および圧縮鉄筋が降伏していることを検査する。

$$0.68 \cdot \frac{f'_{cd}}{f_{yd}} \cdot \frac{\varepsilon'_{cu}}{\varepsilon'_{cu} + \varepsilon_{sy}} \geq p - p' \cdot \frac{f'_{yd}}{f_{yd}} \geq 0.68 \cdot \frac{f'_{cd}}{f_{yd}} \cdot \frac{\varepsilon'_{cu}}{\varepsilon'_{cu} - \varepsilon'_{sy}} \cdot \frac{d'}{d} \tag{1-9}$$

ここに、p：引張鉄筋比、p'：圧縮鉄筋比、ε'_{cu}：コンクリートの終局圧縮ひずみ、ε_{sy}：引張鉄筋の降伏引張ひずみ、ε'_{sy}：圧縮鉄筋の降伏圧縮ひずみ

$\varepsilon_{sy}=f_{yd}/E_s$、$\varepsilon'_{sy}=f'_{yd}/E_s$ より、$E_s=2.0\times 10^5\,\mathrm{N/mm^2}$、$\varepsilon'_{cu}=0.0035$ とすると、次式となる。

$$0.68\cdot\frac{f'_{cd}}{f_{yd}}\cdot\frac{700}{700+f_{sy}} \geq p-p'\cdot\frac{f'_{yd}}{f_{yd}} \geq 0.68\cdot\frac{f'_{cd}}{f_{yd}}\cdot\frac{700}{700-f'_{sy}}\cdot\frac{d'}{d} \tag{1-10}$$

引張鉄筋比および圧縮鉄筋比は次式で定義される。

$$p=\frac{A_s}{b\cdot d} \qquad p'=\frac{A'_s}{b\cdot d} \tag{1-11}$$

ここに、p：引張鉄筋比、p'：圧縮鉄筋比

曲げモーメントのみを受ける場合の安全性は、次の式によって照査する。

$$\gamma_i\cdot\frac{M_d}{M_{ud}}\leq 1.0 \qquad \therefore \mathrm{OK} \tag{1-12}$$

ここに、γ_i：構造物係数

4.2.3 曲げモーメントと軸方向力を受ける場合の設計断面耐力と安全性照査

図 1-4 に示す曲げモーメントと軸方向力を受ける場合の断面破壊状態の計算式を提示する。

まず、設計断面力による偏心距離は次式で求める。

$$e=\frac{M_d}{N'_d} \tag{1-13}$$

ここに、e：図心軸から軸力の作用位置までの偏心距離（mm）、N'_d：設計軸圧縮力、M_d：設計曲げモーメント（N·mm）

曲げモーメントと軸方向力を受ける場合の断面破壊は、コンクリートの圧壊よりも引張鉄筋の降伏が先行する破壊形式と、引張鉄筋が降伏せずにコンクリートが圧壊する破壊形式がある。両者の境界をつり合い破壊状態と呼ぶ。つり合い破壊状態は、引張鉄筋が降伏すると同時に圧縮側コンクリートが圧壊する状態をいう。

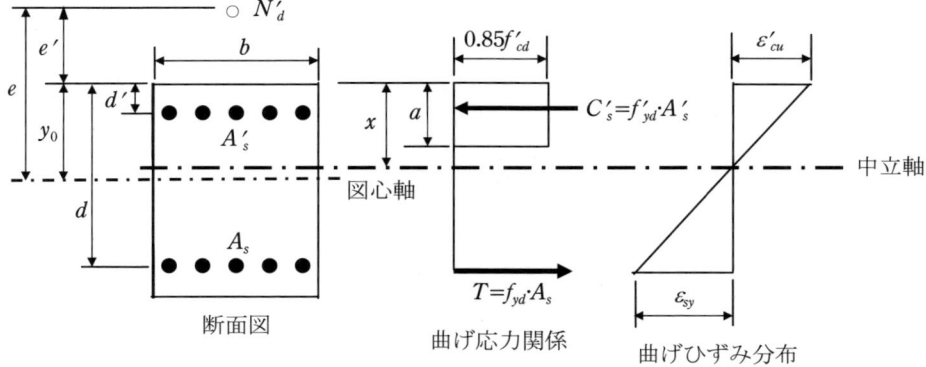

図 1-4　曲げモーメントと軸方向力が作用する断面の等価応力ブロックとひずみ分布

つり合い破壊状態における曲げ耐力と軸耐力は以下の式で求められる。

$$a = \frac{\varepsilon'_{cu}}{\varepsilon'_{cu} + \varepsilon_{sy}} \cdot 0.8d = \frac{700}{700 + f_{sy}} \cdot 0.8d \tag{1-14}$$

$$N'_b = 0.85 f'_{cd} \cdot b \cdot a + A'_s \cdot f'_{yd} - A_s \cdot f_{yd} \tag{1-15}$$

$$M_b = 0.85 f'_{cd} \cdot b \cdot a \cdot \left(y_0 - \frac{a}{2}\right) + A'_s \cdot f'_{yd} \cdot (y_0 - d') - A_s \cdot f_{yd} \cdot (d - y_0) \tag{1-16}$$

ここに、N'_b：つり合い破壊状態の軸圧縮耐力（N）、M_b：つり合い破壊状態の曲げ耐力（N・mm）

つり合い破壊状態における偏心距離は次式で求められる。

$$e_b = \frac{M_b}{N'_b} \tag{1-17}$$

ここに、e_b：つり合い破壊状態における偏心距離（mm）

（1） 引張破壊領域の断面耐力（$e > e_b$）

設計断面力による偏心距離が、つり合い破壊状態における偏心距離よりも大きい場合は、引張鉄筋の降伏が先行する。この場合の等価応力ブロックの高さ、設計曲げ耐力および設計軸耐力は以下の式で求められる。

$$e' = e + d - y_0 \tag{1-18}$$

$$a = \left[\left(1 - \frac{e'}{d}\right) + \sqrt{\left(1 - \frac{e'}{d}\right)^2 + \frac{2 f_{yd}}{0.85 f'_{cd}} \cdot \left\{\left(p - p' \frac{f'_{yd}}{f_{yd}}\right) \cdot \frac{e'}{d} + p' \frac{f'_{yd}}{f_{yd}} \cdot \left(1 - \frac{d'}{d}\right)\right\}}\right] \cdot d \tag{1-19}$$

$$N'_{ud} = \frac{0.85 f'_{cd} \cdot b \cdot a + A'_s \cdot f'_{yd} - A_s \cdot f_{yd}}{\gamma_b} \tag{1-20}$$

$$M_{ud} = \frac{0.85 f'_{cd} \cdot b \cdot a \cdot \left(y_0 - \frac{a}{2}\right) + A'_s \cdot f'_{yd} \cdot (y_0 - d') + A_s \cdot f_{yd} \cdot (d - y_0)}{\gamma_b} \tag{1-21}$$

ここに、N'_{ud}：設計軸圧縮耐力（N）、M_{ud}：設計曲げ耐力（N・mm）、γ_b：部材係数

（2） 圧縮破壊領域の断面耐力（$e < e_b$）

設計断面力による偏心距離がつり合い破壊状態における偏心距離よりも小さい場合は、引張鉄筋は降伏せず、圧縮側コンクリートの圧壊によって破壊する。この場合の等価応力ブロックの高さ a は次式によって求める。

$$e' = e + d - y_0$$

$$a^3 - 2(d - e') \cdot a^2 + \frac{2d}{0.85 f'_{cd}} \cdot \left\{700 p \cdot e' - p' \cdot f'_{yd} \cdot (d - d' - e')\right\} \cdot a$$

$$- \frac{1120}{0.85 f'_{cd}} \cdot p \cdot e' \cdot d^2 = 0 \tag{1-22}$$

引張鉄筋の応力度は次式で求める。

$$\sigma_s = 700 \cdot \left(0.8 \frac{d}{a} - 1 \right) \tag{1-23}$$

ここに、σ_s：引張鉄筋の応力度（N/mm²）

設計曲げ耐力と設計軸耐力は次式で表される。

$$N'_{ud} = \frac{0.85 f'_{cd} \cdot b \cdot a + A'_s \cdot f'_{yd} - A_s \cdot \sigma_s}{\gamma_b} \tag{1-24}$$

$$M_{ud} = \frac{0.85 f'_{cd} \cdot b \cdot a \cdot \left(y_0 - \frac{a}{2} \right) + A'_s \cdot f'_{yd} \cdot (y_0 - d') + A_s \cdot \sigma_s \cdot (d - y_0)}{\gamma_b} \tag{1-25}$$

（3） 安全性の照査

曲げモーメントと軸方向力を受ける場合の安全性は次式で照査する。

$$\gamma_i \cdot \frac{N'_d}{N'_{ud}} \leq 1.0 \qquad \therefore \text{OK} \tag{1-26}$$

$$\gamma_i \cdot \frac{M_d}{M_{ud}} \leq 1.0 \qquad \therefore \text{OK} \tag{1-27}$$

ここに、γ_i：構造物係数

4.2.4 せん断耐力

（1） コンクリートの設計せん断耐力

コンクリートが負担する設計せん断耐力は次式で算出される。

$$V_{cd} = \frac{\beta_d \cdot \beta_p \cdot \beta_n \cdot f_{vcd} \cdot b \cdot d}{\gamma_b} \tag{1-28}$$

$$f_{vcd} = 0.20 \sqrt[3]{f'_{cd}} \leq 0.72 \quad (\text{N/mm}^2) \tag{1-29}$$

$$\beta_d = \sqrt[4]{\frac{1000}{d}} \quad (d : \text{mm}) \quad \beta_d > 1.5 \; ; \; \beta_d = 1.5 \tag{1-30}$$

$$\beta_p = \sqrt[3]{100 p} \quad \beta_p > 1.5 \; ; \; \beta_p = 1.5 \tag{1-31}$$

$N'_d \geq 0$（軸方向圧縮力）

$$\beta_n = 1 + \frac{2M_0}{M_{ud}} \quad \beta_n > 2 \; ; \; \beta_n = 2 \tag{1-32}$$

$N'_d < 0$（軸方向引張力）

$$\beta_n = 1 + \frac{4M_0}{M_{ud}} \quad \beta_n < 0 \; ; \; \beta_n = 0 \tag{1-33}$$

ここに、V_{cd}：コンクリートが負担する設計せん断耐力（N）、N'_d：設計軸方向力（N）、M_{ud}：曲げモーメントのみによる設計曲げ耐力（N·mm）、M_0：設計曲げモーメントM_dに対する断面引張縁において軸方向力によって発生する応力度を打ち消すのに必要な曲げモーメント、ディコンプレッションモーメント（N·mm）、γ_b：部材係数

曲げモーメントM_0は次式によって計算できる。

$$M_0 = \frac{N'_d \cdot I_g}{A_g \cdot (h - y_0)} \tag{1-34}$$

（2） せん断補強鉄筋による設計せん断耐力

せん断補強鉄筋が部材軸と 90°の角度で配置される場合（鉛直スターラップ）の設計せん断耐力は次式で求められる。

$$V_{sd} = \frac{A_w \cdot f_{wyd} \cdot \frac{z}{s_s}}{\gamma_b} \tag{1-35}$$

ここに、V_{sd}：せん断補強鉄筋による設計せん断耐力（N）、A_w：区間 ss におけるせん断補強鉄筋の総断面積（mm²）、f_{wyd}：せん断補強鉄筋の設計降伏強度（N/mm²）、z：アームの長さ（mm）、一般に $z=d/1.15$ としてよい、s_s：せん断補強鉄筋の配置間隔（mm）、γ_b：部材係数

（3） 部材としての設計せん断耐力

部材の設計せん断耐力は、式(1-28)と式(1-35)を合算して次式で求められる。

$$V_{yd} = V_{cd} + V_{sd} \tag{1-36}$$

ここに、V_{yd}：部材としての設計せん断耐力（N）

（4） せん断力に対する安全性の照査

せん断力に対する安全性の照査は次式で行う。

$$\gamma_i \cdot \frac{V_d}{V_{yd}} \leq 1.0 \qquad \therefore \text{OK} \tag{1-37}$$

ここに、γ_i：構造物係数

4.2.5　設計斜め圧縮破壊耐力

設計斜め圧縮破壊耐力は、次式で得られる。

$$V_{wcd} = \frac{f_{wcd} \cdot b \cdot d}{\gamma_b} \tag{1-38}$$

$$f_{wcd} = 1.25\sqrt{f'_{cd}} \qquad f_{wcd} \leq 7.8\,\text{N/mm}^2 \tag{1-39}$$

ここに、V_{wcd}：設計斜め圧縮破壊耐力（N）、γ_b：部材係数
斜め圧縮破壊に対する安全性の照査

$$V_{yd} < V_{wcd} \qquad \therefore \text{OK} \tag{1-40}$$

$$\gamma_i \cdot \frac{V_d}{V_{wcd}} \leq 1.0 \qquad \therefore \text{OK} \tag{1-41}$$

ここに、γ_i：構造物係数

5 耐久性に関する照査

ここでは、コンクリート標準示方書[1]による鉄筋腐食に対する曲げひび割れ幅の計算およびその安全性の照査について述べる。曲げひび割れ幅は次式によって算出できる。

$$w = 1.1 k_1 \cdot k_2 \cdot k_3 \cdot \{4c + 0.7(c_s - \phi)\} \cdot \left[\frac{\sigma_{se}}{E_s} + \varepsilon'_{csd}\right] \tag{1-42}$$

$$k_2 = \frac{15}{f'_c + 20} + 0.7 \tag{1-43}$$

$$k_3 = \frac{5(n_a + 2)}{7n_a + 8} \tag{1-44}$$

ここに、w：曲げひび割れ幅（mm）、k_1：鉄筋の表面形状がひび割れに及ぼす影響を表す係数で異形鉄筋は 1.0、普通丸鋼は 1.3 とする、k_2：コンクリートの品質がひび割れ幅に及ぼす影響を表す係数、k_3：引張鉄筋の段数の影響を表す係数、c：かぶり（mm）、c_s：鉄筋の中心間隔（mm）、ϕ：鉄筋径（mm）、σ_{se}：鉄筋応力度（N/mm²）、ε'_{csd}：コンクリートの収縮およびクリープなどによるひび割れ幅の増加を考慮するための数値、f'_c：コンクリートの強度（N/mm²）、n_a：鉄筋の段数

曲げひび割れの照査は下記の式によって行われる。

$$w < w_a \quad \therefore \text{OK} \tag{1-45}$$

ここに、w_a：鉄筋腐食に対するひび割れ幅の限界値（mm）

鉄筋腐食に対するひび割れ幅の限界値としては、**表 1-3** が用いられる。

表 1-3 鉄筋腐食に対するひび割れ幅の限界値 w_a（mm）

鉄筋の種類	鉄筋の腐食に対する環境条件		
	一般の環境	腐食環境	特に著しい腐食環境
異形鉄筋、普通丸鋼	0.005c	0.004c	0.0035c

注）c：かぶり（mm）

コラム1　鉄筋コンクリート構造の破壊形式

　曲げモーメントを受ける鉄筋コンクリート構造の破壊形式は曲げ破壊とせん断破壊に大別できる。曲げ破壊は、曲げ引張破壊（under reinforcement）と曲げ圧縮破壊（over reinforcement）に分けられる。曲げ引張破壊は、引張鉄筋のひずみが降伏ひずみ以上となり比較的大きな曲げ変形を伴って最終的に圧縮側コンクリートが破壊する。曲げ引張破壊は、引張鉄筋が降伏した後も大きな伸びまで耐え、ひいては構造物として大きな変形まで耐えることができる。いわば、好ましい破壊である。他方、曲げ圧縮破壊は、引張鉄筋のひずみが降伏する前に圧縮側コンクリートが破壊する。曲げ圧縮破壊は小さい変形で圧縮側コンクリートの断面が損壊する急激な破壊であるため避けなければならない。しかし、曲げと軸力を伴う場合で、軸力の図心からの偏心距離が小さいケースでは、曲げ圧縮破壊が生じるのはやむを得ないのである。

　次に、せん断破壊について考える。せん断破壊は特別な構造を除けば一般に斜め引張破壊が生じる。この破壊は腹部に斜めひび割れが生じ、そのひび割れが急激に進展する特徴を有する。コンクリートはせん断力に対してかなり抵抗するが、いったんひび割れが生じると急激に破壊する。そのため、スターラップのようなせん断補強鉄筋を配置する必要がある。

　曲げ破壊とせん断破壊の違いを顕著に表す例を紹介しよう。地震力を受けた鉄筋コンクリート橋脚の破壊を下図に示す[3]。曲げ破壊は軸力を保持でき構造系全体の崩壊を引き起こさないが、せん断破壊は軸力を保持できず構造系全体が崩壊する。何としてもせん断破壊を避けるように設計することが重要であることを理解されたい。

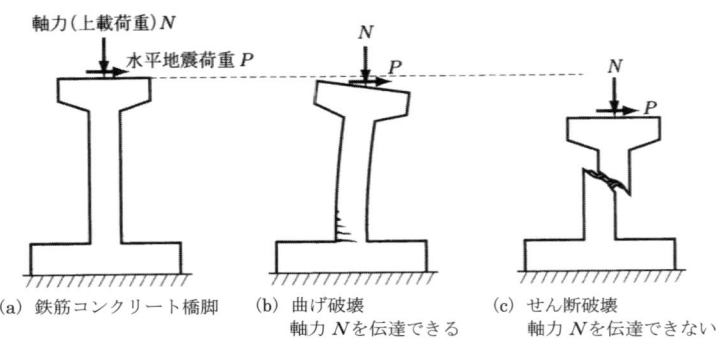

(a) 鉄筋コンクリート橋脚　　(b) 曲げ破壊　軸力 N を伝達できる　　(c) せん断破壊　軸力 N を伝達できない

第Ⅱ編

擁　壁

1 擁壁の設計要点

1.1 概　説

擁壁（retaining wall）は、盛土や切土などの土圧を支える構造物である。わが国は国土の約 70%が山地で形成されており、社会基盤施設の建設のためには、その斜面を土止めするための構造物である擁壁が必要不可欠となる。

設計では、まず、断面を仮定し、土圧およびその土の上に載る荷重、地震力、地盤の支持力および擁壁の自重などの荷重作用を評価して、擁壁全体の転倒、水平支持（滑動、すべり出し）および鉛直支持（沈下）に対する剛体としての安定性を照査する。次に、曲げモーメントやせん断力による部材の断面破壊に対する安全性を照査する。さらに、ひび割れに起因する耐久性に対する照査も行う。

1.2 擁壁の分類

1.2.1 用途による分類
① 宅地造成用擁壁
② 道路用擁壁
③ 鉄道用擁壁
④ 護岸用擁壁

1.2.2 使用材料による分類
① 無筋コンクリート擁壁
② 鉄筋コンクリート擁壁
③ 石積み・コンクリートブロック積み擁壁
④ 鋼製擁壁

1.2.3 構造形式による分類
① コンクリートブロック積み擁壁
② 重力式擁壁
③ 半重力式擁壁
④ もたれ式擁壁
⑤ 鉄筋コンクリート擁壁
　　逆 T 形擁壁、L 形擁壁、控え壁式擁壁、支え壁式擁壁
⑥ 特殊擁壁
　　箱形擁壁、ラーメン式擁壁、棚式擁壁、棚付控え壁式擁壁、U 形擁壁、逆 Y 形擁壁、枠組み擁壁、アンカー擁壁、補強土工法による擁壁、その他

1.2.4 施工形態による分類
① 場所打ち擁壁
② プレキャスト擁壁

構造形式による擁壁の分類を図2-1に、特殊擁壁を図2-2にそれぞれ示す[4]。

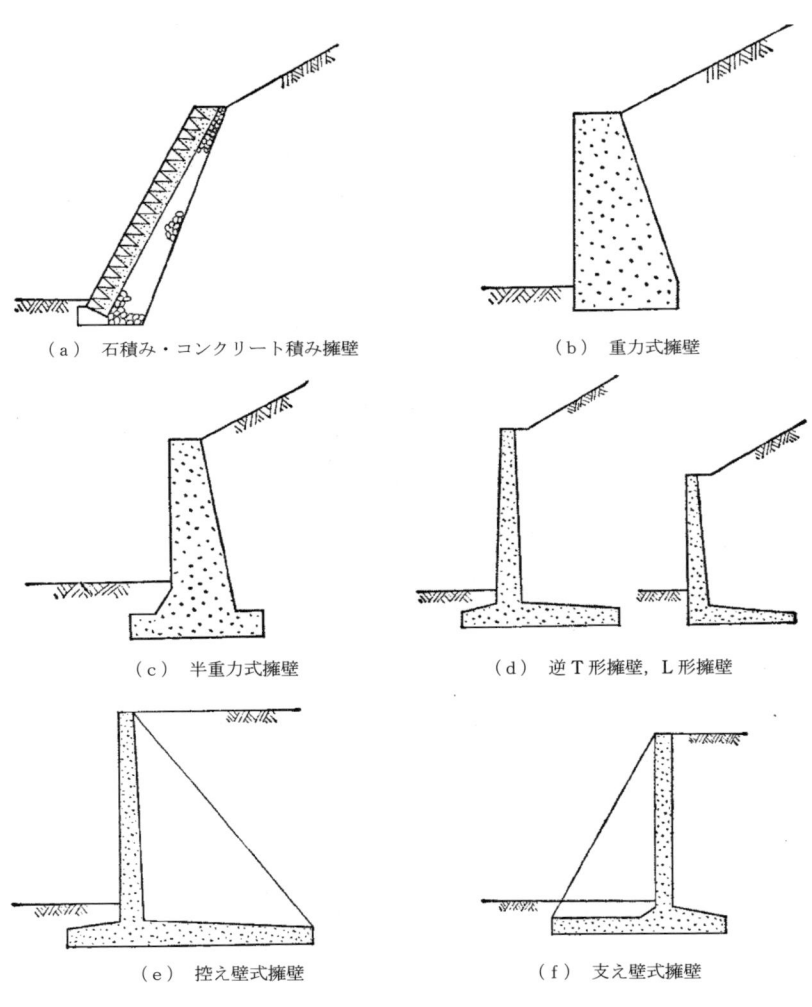

（a）石積み・コンクリート積み擁壁　　（b）重力式擁壁

（c）半重力式擁壁　　（d）逆T形擁壁，L形擁壁

（e）控え壁式擁壁　　（f）支え壁式擁壁

図2-1　構造形式による擁壁の分類[4]

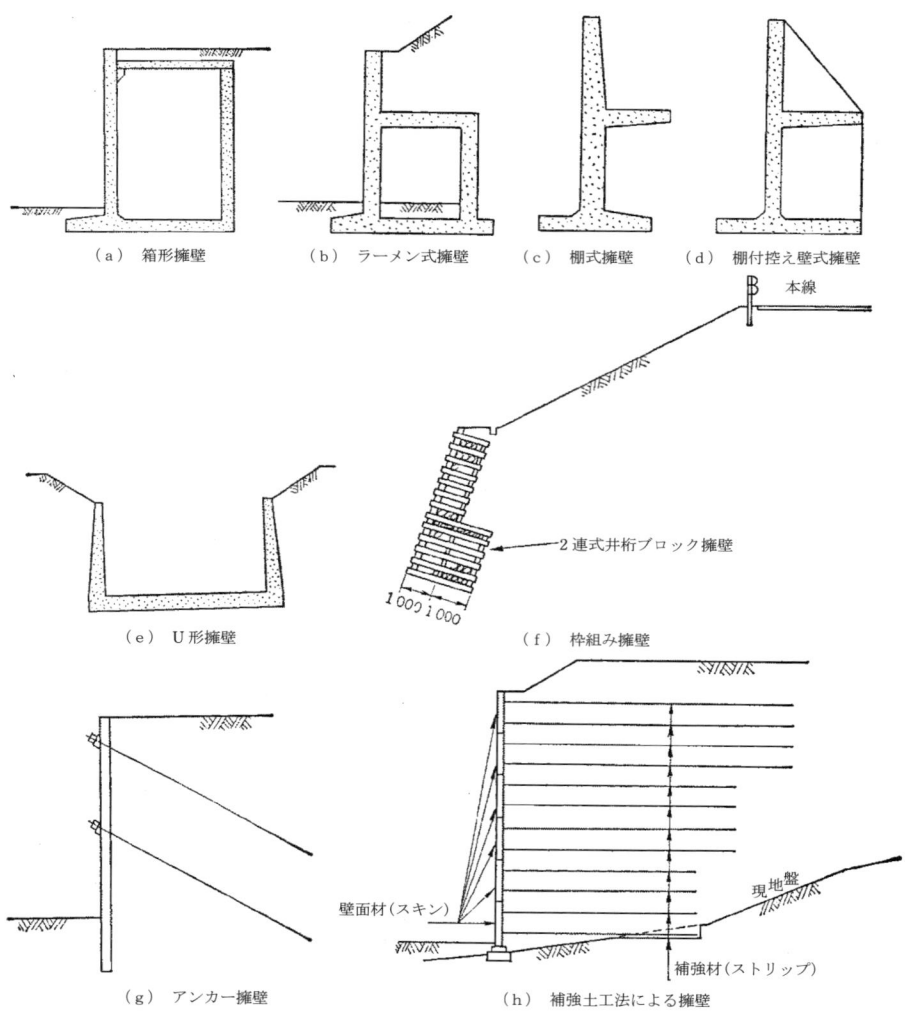

図 2-2 特殊擁壁[4]

1.3 擁壁の構造と擁壁に加わる力

逆T形鉄筋コンクリート擁壁の構造と部材名称を図 2-3 に示す。たて壁（鉛直壁ともいう）と底版（つま先版、かかと版）からなる。

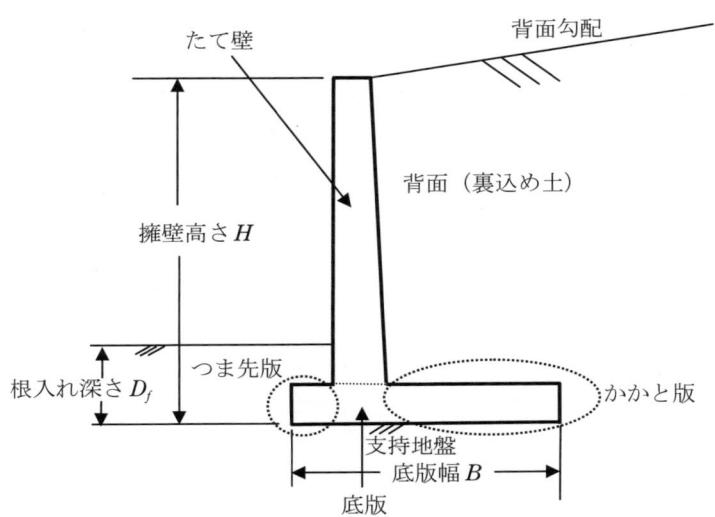

図 2-3　逆T形鉄筋コンクリート擁壁の部材名称

逆T形鉄筋コンクリート擁壁に加わる力を図 2-4 に示す。たて壁には土圧による水平力、つま先版には地盤反力による鉛直力、かかと版には自重による鉛直力がそれぞれ加わる。図中に引張側を ///線で示した。

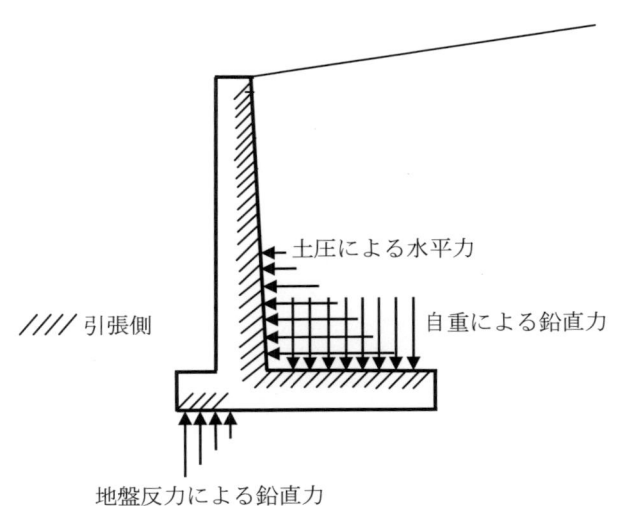

図 2-4　逆T形鉄筋コンクリート擁壁に加わる力

1.4 設計手法

1.4.1 設計フロー

逆Ｔ形鉄筋コンクリート擁壁の設計フローを**図 2-5** に示す。

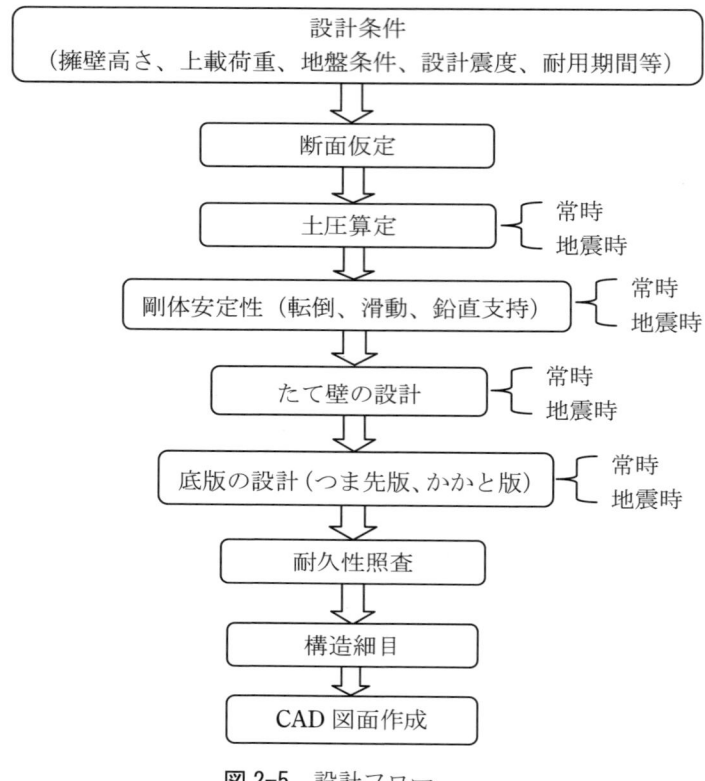

図 2-5　設計フロー

1.4.2 限界状態設計法による安全性照査

限界状態設計法は、次の項目についてその安全性を検討する。
① 剛体安定性に対する検討
② 断面破壊に対する検討
③ 耐久性に対する検討
④ 使用性に対する検討

1.4.3 設計荷重状態

(a) 常時
　　荷重ケース１　　自重（裏込め土を含む）＋ 載荷重 ＋ 土圧
　　荷重ケース２　　自重（裏込め土を含む）＋ 土圧
(b) 地震時
　　自重（裏込め土を含む）＋ 地震時土圧 ＋ 地震時慣性力

1.4.4 試行くさび法による土圧算定

　土圧の算定には一般に試行くさび法[5]を用いる。試行くさび法は、**図2-6**に示す擁壁の背面盛土内にすべり面BCを仮定し、このすべり面と擁壁裏面で形成される三角形ABCの"くさび"に対する力のつり合いから土圧を求めることができる。試行錯誤的にすべり面を変えて土圧を計算し、その最大値を設計土圧とする。試行くさび法は、クーロン土圧理論に基づいている。

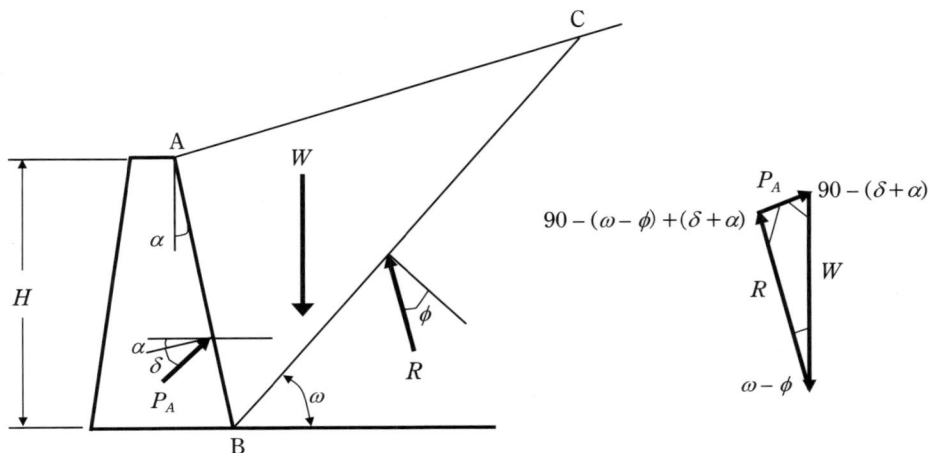

　ここに、W：くさびの自重（N）、R：すべり面に作用する力（N）、P_A：土圧合力（N）、
ϕ：内部摩擦角（°）、δ：壁面摩擦角（°）、α：壁面傾斜角（°）、ω：すべり角（°）、
K_A：土圧係数、γ：単位重量（N/m³）、H：土圧計算に用いる擁壁高さ（m）

図2-6　試行くさび法

　W、P_AおよびRの力の三角形から次の式が得られる。

$$P_A \cdot \sin\{90-(\omega-\phi)+(\delta+\alpha)\} = W \cdot \sin(\omega-\phi)$$

$$P_A = \frac{W \cdot \sin(\omega-\phi)}{\sin\{90-(\omega-\phi)+(\delta+\alpha)\}} = \frac{W \cdot \sin(\omega-\phi)}{\cos(\omega-\phi-\delta-\alpha)} \tag{2-1}$$

$$P_A = \frac{1}{2} K_A \cdot \gamma \cdot H^2 \tag{2-2}$$

$$K_A = \frac{2P_A}{\gamma \cdot H^2} \tag{2-3}$$

　すべり角ωを仮定し土圧合力P_Aを計算し、試行錯誤的にすべり角を変えてP_Aの最大値を求める。

1.4.5 地震時における試行くさび法による土圧算定式

　地震時における土圧算定式は以下のとおりである。
地震合成角は次式で表される。

$$\theta = \tan^{-1}\left(\frac{K_H}{1-K_V}\right) \tag{2-4}$$

ここに、θ：地震合成角（°）、K_H：設計水平震度、K_V：設計鉛直震度

壁面摩擦角

$$\delta_E = \tan^{-1}\left\{\frac{\sin\phi \cdot \sin(\theta + \Delta + \beta)}{1 - \sin\phi \cdot \cos(\theta + \Delta - \beta)}\right\} \tag{2-5}$$

$$\Delta = \sin^{-1}\left\{\frac{\sin(\beta + \theta)}{\sin\phi}\right\} \tag{2-6}$$

ここに、δ_E：壁面摩擦角（°）、β：地表面勾配（°）

地震時すべり角

$$\cot\omega_E = -\tan(\phi + \delta_E) + \frac{1}{\cos(\phi + \delta_E)} \cdot \sqrt{\frac{\cos(\delta_E + \theta) \cdot \sin(\phi + \delta_E)}{\sin(\phi - \theta)}} \tag{2-7}$$

ここに、ω_E：地震時すべり角（°）

裏込め土重量

$$W_s = \frac{H}{\tan\omega_E} \cdot H \cdot \frac{1}{2} \cdot \gamma_g \tag{2-8}$$

$$W_E = \frac{W_s}{\cos\theta} \tag{2-9}$$

ここに、W_E：裏込め土重量（N）

地震時作用土圧合力

$$P_{AE} = \frac{W_E \cdot \sin(\omega_E - \phi - \theta)}{\cos(\omega_E - \phi - \delta_E)} \tag{2-10}$$

ここに、P_{AE}：地震時作用土圧合力（N）

地震時作用土圧合力の水平成分

$$P_{HE} = P_{AE} \cdot \cos\delta_E \tag{2-11}$$

ここに、P_{HE}：地震時作用土圧合力の水平成分（N）

地震時作用土圧合力の鉛直成分

$$P_{VE} = P_{AE} \cdot \sin\delta_E \tag{2-12}$$

ここに、P_{VE}：地震時作用土圧合力の鉛直成分（N）

1.4.6 剛体安定性

剛体安定性は、転倒に対する検討、水平支持（滑動）に対する検討、鉛直支持に対する検討を行う。

1.4.6.1 転倒に対する検討

転倒に対しては、次式を満足すれば安全である。

$$\gamma_i \cdot \frac{M_{sd}}{M_{rd}} \leq 1.0 \tag{2-13}$$

$$M_{rd} = \frac{M_r}{\gamma_0} \quad (\text{kN} \cdot \text{m}) \tag{2-14}$$

ここに、γ_i：構造物係数、M_{rd}：擁壁の底面における設計転倒抵抗モーメント（kN・m）、M_r：荷重による抵抗モーメント（kN・m）、γ_0：転倒に対する安全係数、M_{sd}：擁壁の底面左端における転倒に対する設計抵抗モーメント（kN・m）

1.4.6.2 水平支持（滑動）に対する検討

水平支持に対しては次式を満足すれば安全である。

$$\gamma_i \cdot \frac{H_{sd}}{H_{rd}} \leq 1.0 \tag{2-15}$$

$$H_{rd} = \frac{H_r}{\gamma_h} \quad (\text{kN}) \tag{2-16}$$

$$H_r = V \cdot \mu \quad (\text{kN}) \tag{2-17}$$

ここに、γ_i：構造物係数、H_{rd}：擁壁の底面における水平支持に対する設計抵抗力（kN）、H_r：擁壁の底面と基礎地盤の間の摩擦力および粘着力（kN）、γ_h：水平支持に対する安全係数、H_{sd}：設計水平力（kN）、V：鉛直力（kN）、μ：摩擦係数（$=\tan\phi$）

1.4.6.3 鉛直支持に対する検討

鉛直支持に対しては、次式を満足すれば安全である。

$$\gamma_i \cdot \frac{V_{sd}}{V_{rd}} \leq 1.0 \tag{2-18}$$

$$V_{rd} = \frac{V_r}{\gamma_v} \tag{2-19}$$

$$V_r = \rho_r \cdot Q_u \tag{2-20}$$

ここに、V_{sd}：地盤の設計反力（kN）、V_{rd}：地盤の設計鉛直支持力（kN）、γ_i：構造物係数、V_r：地盤の鉛直支持力（kN）、γ_v：鉛直支持に対する安全係数、Q_u：地盤の極限支持力（kN）、ρ_r：修正係数（一般に$\rho_r=0.6$）

地盤の極限支持力 Q_u は、次式に示す有効載荷面積に対し傾斜荷重を考慮した式を用いて算出する[6]。

$$Q_u = A'\left\{\alpha \cdot K \cdot c \cdot N_c + K \cdot q \cdot N_q + \frac{1}{2}\gamma_1 \cdot \beta \cdot B' \cdot N_\gamma\right\} \quad (\text{kN}) \tag{2-21}$$

$$A' = B'BL \tag{2-22}$$

$$K = 1 + 0.3\frac{D'_f}{B'} \tag{2-23}$$

$$q = \gamma_2 \cdot D_f \tag{2-24}$$

ここに、A'：有効載荷面積（m²）、K：根入れ深さに対する割増係数、B'：有効載荷幅（m）、BL：擁壁延長方向単位長（$=1.0$ m）、α, β：基礎形状係数（$\alpha=\beta=1.0$）、q：根入れした土

の自重（kN）、γ_1, γ_2：支持地盤および根入れ地盤の単位容積重量（kN/m³）、N_c, N_q, N_γ：傾斜を考慮した支持力係数、D'_f：支持層あるいは支持層と同程度良好な地盤に根入れした深さ（m）

傾斜を考慮した支持力係数 N_c, N_q, N_γ の値は、**図 2-7**、**図 2-8** および**図 2-9** より読み取って定める。図中の傾斜角 θ は、基礎底面に作用する水平荷重と鉛直荷重の合力の鉛直角であり、次式によって求める。

$$\tan\theta = \frac{H_{sd}}{W} \tag{2-25}$$

ここに、H_{sd}：基礎底面に作用する水平荷重（kN）、W：鉛直荷重（kN）

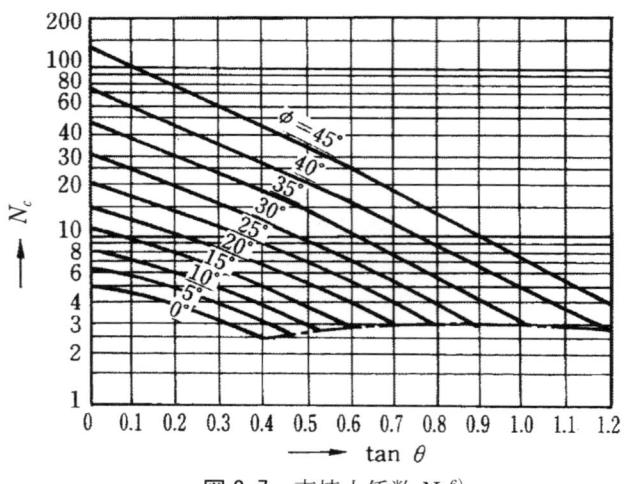

図 2-7　支持力係数 N_c [6)]

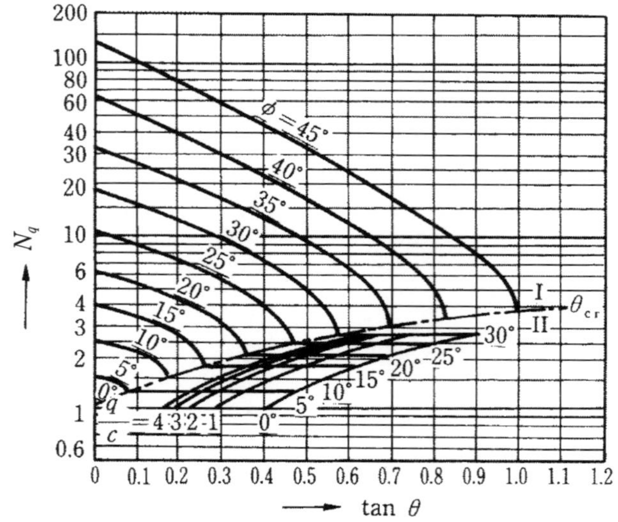

図 2-8　支持力係数 N_q [6)]

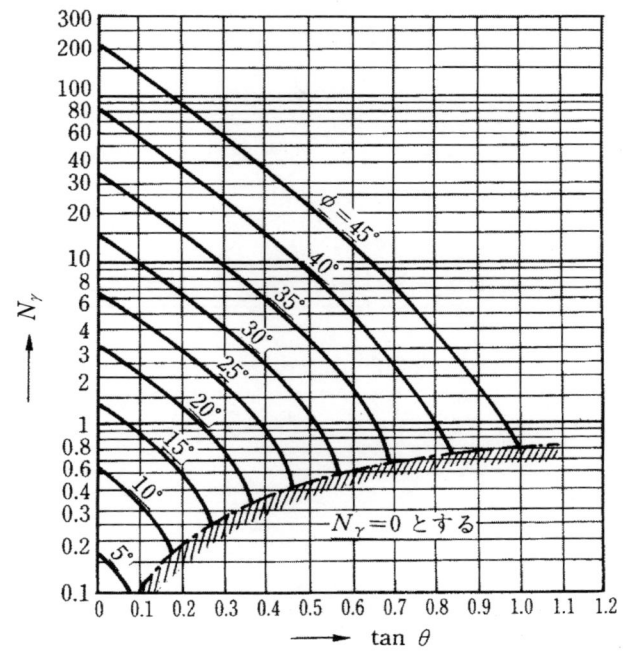

図 2-9　支持力係数 N_γ [6)]

1.4.7　たて壁の任意の高さにおける断面力

図 2-10 に示す、たて壁の断面 h-h における曲げモーメント M_h およびせん断力 V_h は、片持ち梁として計算すると、次式によって求められる。

$$M_h = P_{HA} \cdot \cos\delta \times \frac{h}{3} + P_{Hq} \cdot \cos\delta \times \frac{h}{2} = \frac{1}{2} \cdot \gamma \cdot K_A \cdot h^2 \cdot \cos\delta \times \frac{h}{3} + q \cdot K_A \cdot h \cdot \cos\delta \times \frac{h}{2}$$
(2-26)

$$V_h = P_{HA} \cdot \cos\delta + P_{Hq} \cdot \cos\delta = \frac{1}{2} \cdot \gamma \cdot K_A \cdot h^2 \cdot \cos\delta + q \cdot K_A \cdot h \cdot \cos\delta \tag{2-27}$$

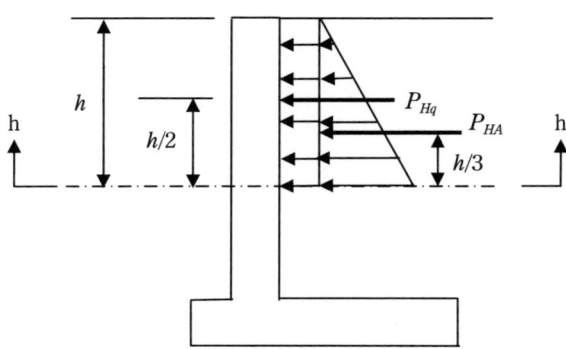

図 2-10　たて壁の断面 h-h における曲げモーメントおよびせん断力

1.4.8 限界状態設計法による要求性能と照査項目

限界状態設計法による要求性能、照査項目とその指標を**表 2-1**、安全係数を**表 2-2**にそれぞれ示す。

表 2-1 限界状態設計法による要求性能、照査項目

要求性能	目標性能の項目	照査項目	照査指標
安全性	構造物または部材の破壊・崩壊	剛体安定性	転倒・水平支持・鉛直支持
		断面破壊	曲げモーメント・せん断力
耐久性	性能の経時変化	鋼材の腐食	ひび割れ幅

表 2-2 安全係数

要求性能			材料係数		部材係数 γ_b	構造解析係数 γ_a	荷重係数 γ_f	構造物係数 γ_i
			コンクリート γ_c	鋼材 γ_s				
安全性	剛体安定性	常時	−	−	1.5	1.0	1.2	1.5
		地震時	−	−	1.5	1.0	1.0	1.0
	断面破壊	曲げモーメント・軸力	1.3	1.0	1.1	1.0	1.2	1.1
		せん断力	1.3	1.0	1.3	1.0		
耐久性	ひび割れ幅					1.0		
	中性化深さ					1.0		
	塩化物イオン濃度					1.0		

1.5 擁壁の配筋方法

一般に、鉄筋材質は SD295 または SD345、鉄筋径は D13～D32、鉄筋間隔は 100 mm、125 mm または 250 mm が採用される。コンクリート表面から主鉄筋中心までの距離は、たて壁が 100 mm、底版が 110 mm とすることが多い。

逆 T 形 RC 擁壁の典型的な主鉄筋（引張鉄筋）の配筋例を**図 2-11**に示す。

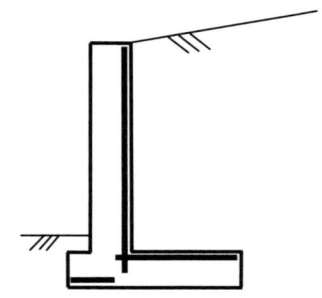

図 2-11 逆 T 形 RC 擁壁の典型的な配筋例

1.6 構造細目

1.6.1 たて壁の傾斜勾配

たて壁前面を鉛直にすると利用者は倒壊の危険性を感じるため、**図 2-12**に示すように傾斜勾配をつけるのが望ましい。一般に傾斜勾配は 2～4％ が用いられる。

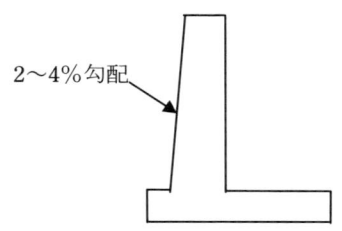

図 2-12 たて壁の傾斜勾配

1.6.2 伸縮継目

伸縮継目は、コンクリートの乾燥収縮や温度変化などに対応するため設ける。一般にその間隔は 15～20 m である。この面では水平方向の鉄筋をいったん切断する必要がある。伸縮継目には**図 2-13** に示すようにかみ合い式と突き合わせ式があるが、原則としてかみ合い式が採用される。高さが低い場合は突き合わせ式としてもよい。伸縮継目には、伸縮性目地材を配置しなければならない。伸縮性目地材としては、アスファルト系、ゴム系、プラスチック系等の目地材やシール材および充てん材を用いるのがよい。水密を要する場合は、止水板を用いる。

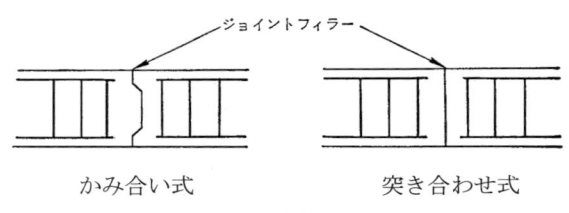

図 2-13 伸縮継目

1.6.3 鉛直目地（ひび割れ誘発目地）

RC 擁壁は、セメントの水和熱や外気温による温度変化および乾燥収縮による変形に対応するため、鉛直目地（ひび割れ誘発目地）を設ける。鉛直目地は壁の表面に V 字形の切れ目の目地を擁壁高さの 1～2 倍程度の間隔で設ける。**図 2-14** に典型的な鉛直目地を示す[1]。その断面欠損率は 30～50% 程度とする。なお、この面では水平方向の鉄筋を切断してはならない。

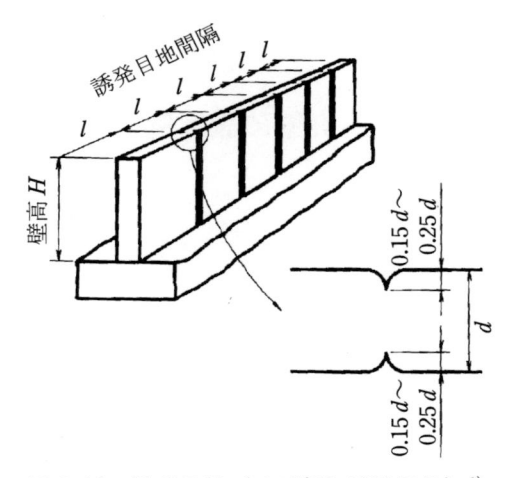

図 2-14 鉛直目地（ひび割れ誘発目地）[1]

1.6.4 擁壁の排水工

擁壁背面に水が浸透すると、土圧が増大し重量が増え、擁壁が転倒や沈下などを起こす恐れがある。そのため、背面の水を排水するための排水工は必ず必要である。

排水工は、図 2-15 に示すとおり、排水層と水抜き孔からなる[4]。排水層は砕石を敷き詰めて、雨水が流下しやすい構造となるようにし、水抜き孔は 4～5 m 間隔に 1 か所設置し、内径 50 mm 程度の硬質塩化ビニルを用いて適当な勾配（2%程度）で設けることを標準とする。

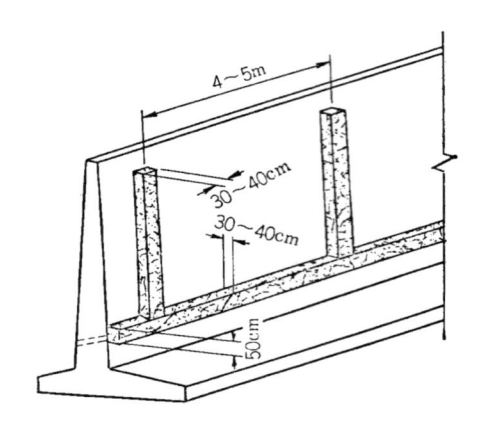

図 2-15　排水層と水抜き孔[4]

1.6.5　擁壁縦断方向の設計

擁壁の縦断方向については、弾性床上の梁として設計することになる。しかし、15～20 m 間隔に伸縮継目が設けられることや地盤が沈下しないことを前提に設計されることから、一般に擁壁縦断方向の設計は省略される。

2　逆 T 形鉄筋コンクリート擁壁の設計例

2.1　設計条件

2.1.1　一般条件

(a)　立地環境：海岸線から 1.2 km 離れた一般道路、温暖な地域（凍害は考慮しなくてもよい。）
(b)　設計耐用期間：100 年
(c)　基礎形式：直接基礎
(d)　寸法
　　　擁壁高：$H = 10.00$ m
　　　底版幅：$B = 6.50$ m
　　　底版厚：$t_1 = 1.00$ m
　　　つま先幅：$B_1 = 1.50$ m
　　　かかと幅：$B_2 = B - B_1 - t_2 = 4.00$ m

たて壁高：$H_1 = H - t_1 = 9.00$ m
たて壁厚：$t_2 = 1.00$ m
擁壁長さ：$L = 10$ m
根入れ深さ：$D_f = 2.0$ m

一般断面図を図 2-16 に示す。

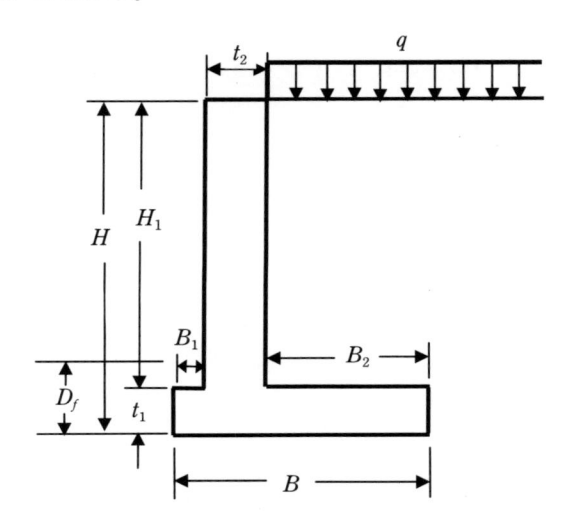

図 2-16　逆 T 形鉄筋コンクリート擁壁の一般断面図

(e)　支持地盤の土質定数
　　土質：礫質土
　　単位体積重量：$\gamma_g = 20$ kN/m^3
　　内部摩擦角：$\phi = 35°$
　　粘着力：$c = 10$ kN/m^2
　　すべり摩擦係数：$\mu = 0.7$
　　根入れ深：$D_f = 2.0$ m
　　地下水位：（底版より）0 m
(f)　上載荷重
　　活荷重：$q = 10$ kN/m^2（T 荷重相当）
　　地表面勾配：$\beta = 0°$
(g)　設計震度
　　標準水平震度：$K_0 = 0.15$
　　地域別補正係数：$C_z = 1$
　　設計水平震度：$K_H = 0.15$
　　設計垂直震度：$K_V = 0$
(h)　躯体コンクリート
　　単位体積重量：$\gamma_{rc} = 24.5$ kN/m^3（鉄筋コンクリート）

2.1.2 使用材料

(a) コンクリート
　設計基準強度：$f'_{ck}=24\,\text{N/mm}^2$
　粗骨材の最大寸法：25 mm
　ヤング係数：$E_c=25\,\text{kN/mm}^2$

(b) 鉄筋
鋼種 SD345A
　引張降伏強度：$f_{yk}=345\,\text{N/mm}^2$
　圧縮降伏強度：$f'_{yk}=345\,\text{N/mm}^2$
　ヤング係数：$E_s=200\,\text{kN/mm}^2$

(c) 裏込め土
　土質：土砂
　単位体積重量：$\gamma_g=20\,\text{kN/m}^3$
　内部摩擦角：$\phi=35°$
　粘着力：$c=0\,\text{kN/m}^2$

2.1.3 荷重条件

(a) 永久荷重
　死荷重
　土圧
(b) 変動荷重
　活荷重：擁壁背面上載荷重 $q=10\,\text{kN/m}^2$
(c) 偶発荷重
　地震の影響：慣性力、地震時土圧
(d) 荷重の組み合わせ
　常時（ケース1）：自重＋上載荷重＋土圧
　常時（ケース2）：自重＋土圧
　地震時：自重＋地震時慣性力＋地震時土圧

2.1.4 安全性照査項目

(a) 剛体安定性
　転倒、水平支持、鉛直支持に対する検討。
(b) 供用荷重による剛体安定性
　供用荷重作用時における荷重合力の作用位置がフーチング底面の核内にあり地盤反力が設計支持力以下となること。
　ここで、供用荷重とは比較的しばしば生じる大きさの荷重で永久荷重と変動荷重を包括した荷重を指す。
(c) 断面破壊に対する安全性
　曲げ破壊およびせん断破壊しないこと。
(d) 耐久性に対する安全性
　曲げひび割れ幅が許容ひび割れ幅以下であること。

2.1.5 安全係数

設計に用いる安全係数は**表 2-3**を用いる。

表 2-3 安全係数

要求性能			材料係数		部材係数 γ_b	構造解析係数 γ_a	荷重係数 γ_f	構造物係数 γ_i
			コンクリート γ_c	鋼材 γ_s				
安全性	剛体安定性	常時	—	—	1.5	1.0	1.0	1.5
		地震時	—	—	1.5	1.0	1.0	1.5
	断面破壊	曲げ・軸力 常時	1.3	1.0	1.1	1.0	1.2	1.1
		曲げ・軸力 地震時	1.3	1.0	1.1	1.0	1.0	1.1
		せん断 常時	1.3	1.0	1.3	1.0	1.2	1.1
		せん断 地震時	1.3	1.0	1.1	1.0	1.0	1.1
耐久性	ひび割れ幅		1.3	1.0	1.0	1.0	1.0	1.0

荷重修正係数としては**表 2-4**に示す値を断面破壊の検討における上載荷重（活荷重）に対して導入する。

表2-4 荷重修正係数

対象荷重	荷重修正係数 ρ_f
断面破壊の検討：上載荷重（活荷重）	1.7

2.2 剛体安定に対する検討

2.2.1 剛体安定計算
2.2.1.1 荷重計算
（1）躯体の自重

図 2-17に示す仮想背面を考えて躯体を、①たて壁、②底版、③上載土の3ブロックに分けて断面諸値を計算する。ブロック①および②の断面諸値を**表 2-5**に示す。

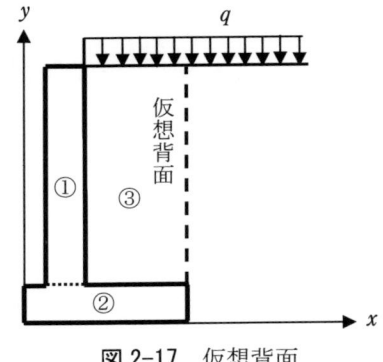

図 2-17 仮想背面

表2-5　ブロック①および②の断面諸値

ブロック	面積 A (m²)	単位重量 γ_{rc} (kN/m³)	鉛直力 W_c (kN)	アーム長 (m)		モーメント (kN·m)		慣性力 (kN)	モーメント (kN·m)
				x	y	$W_c \cdot x$	$W_c \cdot y$	$W_c \cdot K_H$	$W_c \cdot K_H \cdot y$
①	9.00×1.00 =9.00	24.5	220.5	2.00	5.50	441.0	1212.8	33.08	181.9
②	1.00×6.50 =6.50	24.5	159.3	3.25	0.50	517.7	79.7	23.90	11.95
計	15.50		379.8			958.7	1292.5	56.98	193.9

鉛直力（躯体自重）：　$W_c = 379.8$ kN

重心位置

$$x_c = \frac{\sum W_c \cdot x}{\sum W_c} = \frac{958.7}{379.8} = 2.52 \text{ m}$$

$$y_c = \frac{\sum W_c \cdot y}{\sum W_c} = \frac{1292.5}{379.8} = 3.40 \text{ m}$$

地震時慣性力：　$H_c = K_H \cdot W_c = 0.15 \times 379.8 = 56.98$ kN

2.2.1.2　上載土重量（仮想背面土の重量）

ブロック③の断面諸値を**表 2-6** に示す。

表 2-6　ブロック③の断面諸値

ブロック	面積 A (m²)	単位重量 γ_g (kN/m³)	鉛直力 W_s (kN)	アーム長 (m)		モーメント (kN·m)		慣性力 (kN)	モーメント (kN·m)
				x	y	$W_s \cdot x$	$W_s \cdot y$	$W_s \cdot K_H$	$W_s \cdot K_H \cdot y$
③	9.00×4.00 =36.00	20.0	720.0	4.50	5.50	3240	3960	108.0	594
計	36.00		720.0			3240	3960	108.0	594

鉛直力（上載土自重）$W_s = 720.0$ kN

重心位置

$$x_s = \frac{\sum W_s \cdot x}{\sum W_s} = \frac{3240}{720.0} = 4.50 \text{ m}$$

$$y_s = \frac{\sum W_s \cdot y}{\sum W_s} = \frac{3960}{720.0} = 5.50 \text{ m}$$

地震時慣性力：　$H_s = K_H \cdot W_s = 0.15 \times 720.0 = 108$ kN

地震時慣性力による転倒モーメント M_s

$$M_s = H_c \cdot y_c + H_s \cdot y_c = 56.98 \times 3.40 + 108 \times 5.50 = 713.5 \text{ kN·m}$$

2.2.1.3 全体の自重および重心位置

$\Sigma W = W_c + W_s = 379.8 + 720.0 = 110 \text{ kN}$

$x = \dfrac{W_c \cdot x + W_s \cdot x}{W_c + W_s} = \dfrac{379.8 \times 2.52 + 720.0 \times 4.50}{379.8 + 720.0} = 3.82 \text{ m}$

$y = \dfrac{W_c \cdot y + W_s \cdot y}{W_c + W_s} = \dfrac{379.8 \times 3.40 + 720.0 \times 5.50}{379.8 + 720.0} = 4.77 \text{ m}$

2.2.1.4 仮想背面に作用する主働土圧の計算

試行くさび法によって図 2-18 に示す仮想背面を設定し、作用する主働土圧を計算する。H：擁壁高さ（$=10.00$ m）、γ_g：裏込め土の単位重量（$=20$ kN/m³）、ϕ：裏込め土の内部摩擦角（$=35°$）、β：地表面勾配（$=0°$）、δ：壁面摩擦角（$=0°$）、α：仮想面と土圧作用面となす角（$=0°$）、ω：仮定した主働すべり角（°）

くさびの重量 W_s

$$W_s = \left(\dfrac{1}{2} \cdot \dfrac{H}{\tan \omega} \cdot H\right) \cdot \gamma_g \text{ (kN)}$$

上載荷重（活荷重）：W_q

$$W_q = \dfrac{H}{\tan \omega} \cdot q \text{ (kN)}$$

くさび総重量 W

$$W = W_s + W_q \text{ (kN)}$$

主働土圧合力 P_A

$$P_A = \dfrac{W \cdot \sin(\omega - \phi)}{\cos(\omega - \phi - \delta - \alpha)} \text{ (kN)}$$

主働土圧係数 K_A

$$K_A = \dfrac{2P_A}{\gamma_g \cdot H^2}$$

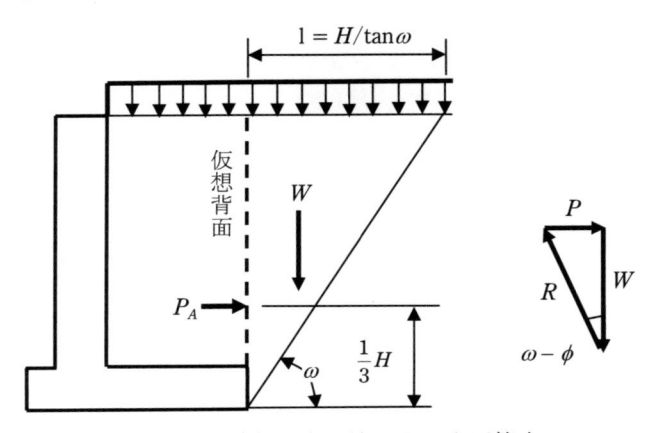

図 2-18 試行くさび法による土圧算定

2.2.1.5 最大土圧および作用位置の計算

主働すべり角 ω を仮定し、主働土圧合力 P_A を計算する。計算結果を**表 2-7** に示す。$\delta=0°$、$\alpha=0°$ とする。

表 2-7 仮定した ω と P_A の計算結果

ω (°)	W_s (kN)	W_q (kN)	W (kN)	P_A (kN)	
58.0	624.8661	62.4866	687.3527	291.7647	
58.5	612.7975	61.2798	674.0773	293.0979	
59.0	600.8573	60.0857	660.9431	294.2716	
59.5	589.0417	58.9042	647.9459	295.2868	
60.0	577.3470	57.7347	635.0817	296.1443	
60.5	565.7695	56.5770	622.3465	296.8448	
61.0	554.3058	55.4306	609.7364	297.3891	
61.5	542.9524	54.2952	597.2477	297.7775	
62.0	531.7062	53.1706	584.8768	298.0104	
62.5	520.5638	52.0564	572.6202	298.0880	最大値
63.0	509.5222	50.9522	560.4744	298.0104	
63.5	498.5784	49.8578	548.4362	297.7774	
64.0	487.7294	48.7729	536.5023	297.3889	
64.5	476.9723	47.6972	524.6695	296.8446	
65.0	466.3044	46.6304	512.9349	296.1439	
65.5	455.7230	45.5723	501.2953	295.2864	
66.0	445.2255	44.5225	489.7480	294.2711	

$\omega=62.5°$ のとき、最大値を示した。よって、主働土圧合力 $P_A=298.1$ kN を採用する。

2.2.1.6 土 圧

(1) 背面土による土圧

$W_s=520.6$ kN

主働土圧合力 P_A

$$P_A = \frac{W_s \cdot \sin(\omega-\phi)}{\cos(\omega-\phi-\delta-\alpha)} = \frac{520.6 \times \sin(62.5-35)}{\cos(62.5-35-0-0)} = 271.0 \text{ kN}$$

主働土圧合力 P_A の水平分力 P_{H1} および鉛直分力 P_{V1}

$P_{H1} = P_A \cdot \cos\delta = 271.0 \times \cos 0° = 271.0$ kN

$P_{V1} = P_A \cdot \sin\delta = 271.0 \times \sin 0° = 0$

作用位置

$$y = \frac{1}{3}H = \frac{1}{3} \times 10.00 = 3.33 \text{ m}$$

$x = 6.50$ m

土圧係数 K_A

$$K_A = \frac{2P_A}{\gamma_g \cdot H^2} = \frac{2 \times 271.0}{20 \times 10.00^2} = 0.271$$

(2) 上載荷重(活荷重)による土圧

$W_q=52.06$ kN

土圧合力 P_{As}

$$P_{As} = \frac{W_q \cdot \sin(\omega - \phi)}{\cos(\omega - \phi - \delta - \alpha)} = \frac{52.06 \times \sin(62.5 - 35)}{\cos(62.5 - 35 - 0 - 0)} = 27.1 \text{ kN}$$

上載荷重による土圧合力の水平分力 P_{H2} および鉛直分力 P_{V2}

$$P_{H2} = P_{As} \cdot \cos\delta = 27.1 \times \cos 0° = 27.1 \text{ kN}$$
$$P_{V2} = P_{As} \cdot \sin\delta = 27.1 \times \sin 0° = 0$$

作用位置

$$y = \frac{1}{2}H = \frac{1}{2} \times 10.00 = 5.00 \text{ m}$$
$$x = 6.50 \text{ m}$$

2.2.1.7 荷重の総括

(a) 常時・荷重ケース1 ：自重＋上載荷重＋土圧

常時・荷重ケース1の荷重総括を**表 2-8** に示す。

表 2-8 常時・荷重ケース1の荷重総括

荷重	鉛直力 W (kN)	水平力 H (kN)	アーム長 (m)		モーメント (kN·m)	
			x	y	抵抗モーメント W·x	転倒モーメント H·y
自重	1100		3.82	4.77	4202	
上載荷重	40.0		4.50		180.0	
土圧	0.0	271.0	6.50	3.33		902.1
活荷重	0.0	27.1	6.50	5.00		135.5
合計	1140	298.1			4382	1038

(b) 常時・荷重ケース2 ：自重＋土圧

常時・荷重ケース2の荷重総括を**表 2-9** に示す。

表 2-9 常時・荷重ケース2の荷重総括

荷重	鉛直力 W (kN)	水平力 H (kN)	アーム長 (m)		モーメント (kN·m)	
			x	y	抵抗モーメント W·x	転倒モーメント H·y
自重	1100				4202	
土圧	0.0	271	6.50	3.33		902.1
合計	1100	271			4202	902.1

(c) 地震時 ：自重＋地震時慣性力＋地震時土圧

$\phi = 35°$ 、$\beta = 0.0°$ 、$\alpha = 0.0°$ 、$K_H = 0.15$ 、$K_V = 0$

地震時における土圧算定式は式(2-4)～式(2-12)を用いて計算すると以下のとおりとなる。

地震合成角 θ

$$\theta = \tan^{-1}\left(\frac{K_H}{1-K_V}\right) = \tan^{-1}\left(\frac{0.15}{1-0}\right) = 8.53°$$

壁面摩擦角 δ_E

$$\varDelta = \sin^{-1}\left\{\frac{\sin(\beta+\theta)}{\sin\phi}\right\} = \sin^{-1}\left\{\frac{\sin(0°+8.53°)}{\sin 35°}\right\} = 14.99°$$

$$\delta_E = \tan^{-1}\left\{\frac{\sin 35° \times \sin(8.53°+14.99°+0°)}{1-\sin 35° \times \cos(8.53°+14.99°-0°)}\right\} = 25.77°$$

地震時すべり角 ω_E

$$\cot\omega_E = -\tan(\phi+\delta_E) + \frac{1}{\cos(\phi+\delta_E)} \cdot \sqrt{\frac{\cos(\delta_E+\theta)\cdot\sin(\phi+\delta_E)}{\sin(\phi-\theta)}}$$

$$\cot\omega_E = -\tan(35°+25.77°) + \frac{1}{\cos(35°+25.77°)} \cdot \sqrt{\frac{\cos(25.77°+8.53°)\cdot\sin(35°+25.77°)}{\sin(35°-8.53°)}}$$

$$= 0.817$$

$$\therefore \omega_E = 50.57°$$

裏込め土重量 W_E

$$W_s = \frac{H}{\tan\omega_E} \cdot H \cdot \frac{1}{2} \cdot \gamma_g = \frac{10.00}{\tan 50.75°} \times 10.00 \times \frac{1}{2} \times 20 = 817.0 \text{ kN}$$

$$W_E = \frac{W_s}{\cos\theta} = \frac{817.0}{\cos 8.53°} = 826.2 \text{ kN}$$

地震時作用土圧合力 P_{AE}

$$P_{AE} = \frac{W_E \cdot \sin(\omega_E - \phi - \theta)}{\cos(\omega_E - \phi - \delta_E)} = \frac{826.2 \times \sin(50.75° - 35° - 8.53°)}{\cos(50.75° - 35° - 25.77°)} = 105.4 \text{ kN}$$

水平成分 P_{HE}

$$P_{HE} = P_{AE} \cdot \cos\delta_E = 105.4 \times \cos 25.77° = 95.0 \text{ kN}$$

鉛直成分 P_{VE}

$$P_{VE} = P_{AE} \cdot \sin\delta_E = 105.4 \times \sin 25.77° = 45.8 \text{ kN}$$

地震時の荷重総括を表2-10に示す。

表2-10　地震時の荷重総括

荷　重	鉛直力 W (kN)	水平力 H (kN)	アーム長 (m)		モーメント (kN・m)	
			x	y	抵抗モーメント $W \cdot x$	転倒モーメント $H \cdot y$
自　重	1100	165	3.82	4.77	4202	787
土　圧	45.8	95.0	6.50	3.33	298	316
合　計	1146	260			4500	1103

2.2.2　剛体安定の照査

2.2.2.1　転倒に対する検討

転倒に対しては式(2-13)、式(2-14)を用いて照査する。

(a)　常時・荷重ケース1：　自重＋上載荷重＋土圧

$\gamma_i = 1.5$、$\gamma_0 = 1.5$

$$M_{rd} = \frac{M_r}{\gamma_0} = \frac{4382}{1.5} = 2921 \text{ kN} \cdot \text{m}$$

$$M_{sd} = P_{H1} \cdot y + P_{H2} \cdot y = 271 \times 3.33 + 27.1 \times 5.00 = 1038 \text{ kN} \cdot \text{m}$$

$$\gamma_i \cdot \frac{M_{sd}}{M_{rd}} = 1.5 \times \frac{1038}{2921} = 0.53 \leq 1.0 \qquad \therefore \text{OK}$$

(b) 常時・荷重ケース2： 自重＋土圧

$\gamma_i = 1.5$、$\gamma_0 = 1.5$

$$M_{rd} = \frac{M_r}{\gamma_0} = \frac{4202}{1.5} = 2801 \text{ kN} \cdot \text{m}$$
$$M_{sd} = P_{H1} \cdot y = 271 \times 3.33 = 902.4 \text{ kN} \cdot \text{m}$$
$$\gamma_i \cdot \frac{M_{sd}}{M_{rd}} = 1.5 \times \frac{902.4}{2801} = 0.48 \leq 1.0 \qquad \therefore \text{OK}$$

(c) 地震時： 自重＋地震時慣性力＋地震時土圧

$\gamma_i = 1.5$、$\gamma_0 = 1.5$

$$M_{rd} = \frac{M_r}{\gamma_0} = \frac{4500}{1.5} = 3000 \text{ kN} \cdot \text{m}$$
$$\begin{aligned} M_{sd} &= P_{H1} \cdot y + W_c \cdot K_H \cdot y + W_s \cdot K_H \cdot y \\ &= 95.0 \times 3.33 + 379.8 \times 0.15 \times 3.40 + 630.0 \times 0.15 \times 5.50 = 1030 \text{ kN} \cdot \text{m} \end{aligned}$$
$$\gamma_i \cdot \frac{M_{sd}}{M_{rd}} = 1.5 \times \frac{1030}{3000} = 0.52 \leq 1.0 \qquad \therefore \text{OK}$$

2.2.2.2 水平支持に対する検討

水平支持に対しては、式(2-15)～式(2-17)を用いて照査する。

(a) 常時・荷重ケース1： 自重＋上載荷重＋土圧

$\gamma_i = 1.5$、$\gamma_h = 1.5$、$\mu = \tan 35° = 0.70$

$$H_r = V \cdot \mu = 1140 \times 0.700 = 798 \text{ kN}$$
$$H_{rd} = \frac{H_r}{\gamma_h} = \frac{798}{1.5} = 532 \text{ kN}$$
$$\gamma_i \cdot \frac{H_{sd}}{H_{rd}} = 1.5 \times \frac{298}{532} = 0.84 \leq 1.0 \qquad \therefore \text{OK}$$

(b) 常時・荷重ケース2： 自重＋土圧

$\gamma_i = 1.5$、$\gamma_h = 1.5$、$\mu = \tan 35° = 0.70$

$$H_r = V \cdot \mu = 1100 \times 0.700 = 770 \text{ kN}$$
$$H_{rd} = \frac{H_r}{\gamma_h} = \frac{770}{1.5} = 513 \text{ kN}$$
$$\gamma_i \cdot \frac{H_{sd}}{H_{rd}} = 1.5 \times \frac{271}{513} = 0.79 \leq 1.0 \qquad \therefore \text{OK}$$

(c) 地震時： 自重＋地震時慣性力＋地震時土圧

$\gamma_i = 1.5$、$\gamma_h = 1.5$、$\mu = \tan 35° = 0.70$

$$H_r = V \cdot \mu = 1146 \times 0.700 = 802 \text{ kN}$$
$$H_{rd} = \frac{H_r}{\gamma_h} = \frac{802}{1.5} = 535 \text{ kN}$$
$$\gamma_i \cdot \frac{H_{sd}}{H_{rd}} = 1.5 \times \frac{246.5}{535} = 0.69 \leq 1.0 \qquad \therefore \text{OK}$$

2.2.2.3 鉛直支持に対する検討

鉛直支持に対しては、式(2-18)～式(2-25)を用いて照査する。

(a) 常時・荷重ケース1： 自重＋上載荷重＋土圧

$D'_f = 1.00$ m（良好な地盤への根入れ深さ）、$D_f = 2.0$ m、$BL = 1.00$ m、$\alpha = 1.0$、$\beta = 1.0$、$\gamma_1 = \gamma_2 = 20$ kN/m^3

$$e = \frac{B}{2} - \frac{V \cdot x - H \cdot y}{V} = \frac{6.50}{2} - \frac{4382 - 1140}{1140} = 0.406 \text{ m}$$

$$B' = B - 2e = 6.50 - 2 \times 0.406 = 5.69 \text{ m}$$

$$A' = B' \cdot BL = 5.69 \times 1.00 = 5.69 \text{ m}^2$$

$$K = 1 + 0.3 \times \left(\frac{1.00}{5.69}\right) = 1.05$$

$$q = \gamma_2 \cdot D_f = 20 \times 2.00 = 40.0 \text{ kN/m}^2$$

$$\tan\theta = \frac{H_B}{V} = \frac{298.0}{1140} = 0.261$$

図 2-7～図 2-9 より、$\tan\theta = 0.261$、$\phi = 35°$ であるから、$N_c = 26$、$N_q = 17$、$N_\gamma = 12$

$$Q_u = 5.69 \times \left(1.0 \times 1.05 \times 10 \times 26 + 1.05 \times 40.0 \times 17 + \frac{1}{2} \times 20 \times 1.0 \times 5.69 \times 12\right) = 9501 \text{ kN}$$

$$V_r = 0.6 \times 9501 = 5701 \text{ kN}$$

$$V_{rd} = \frac{V_r}{\gamma_v} = \frac{5701}{1.5} = 3800 \text{ kN}$$

$$V_{sd} = \Sigma W + P_{V1} + \rho_f \cdot P_{V2} = 1140 \text{ kN}$$

$$\gamma_i \cdot \frac{V_{sd}}{V_{rd}} = 1.5 \times \frac{1140}{3800} = 0.45 \leq 1.0 \qquad \therefore \text{OK}$$

(b) 常時・荷重ケース2： 自重＋土圧

$$e = \frac{B}{2} - \frac{V \cdot x - H \cdot y}{V} = \frac{6.50}{2} - \frac{4202 - 902.1}{1100} = 0.250 \text{ m}$$

$$B' = B - 2e = 6.50 - 2 \times 0.250 = 6.00 \text{ m}$$

$$A' = B' \cdot BL = 6.00 \times 1.00 = 6.00 \text{ m}^2$$

$$K = 1 + 0.3 \times \left(\frac{1.00}{6.00}\right) = 1.05$$

$$q = \gamma_2 \cdot D_f = 20 \times 2.00 = 40.0 \text{ kN/m}^2$$

$$\tan\theta = \frac{H_B}{V} = \frac{271}{1100} = 0.246$$

図 2-7～図 2-9 より、$\tan\theta = 0.246$、$\phi = 35°$ であるから、$N_c = 27$、$N_q = 18$、$N_\gamma = 13$

$$Q_u = 6.00 \times \left(1.0 \times 1.05 \times 10 \times 27 + 1.05 \times 40.0 \times 18 + \frac{1}{2} \times 20 \times 1.0 \times 6.00 \times 13\right) = 10920 \text{ kN}$$

$$V_r = 0.6 \times 10920 = 6550 \text{ kN}$$

$$V_{rd} = \frac{V_r}{\gamma_v} = \frac{6550}{1.5} = 4367 \text{ kN}$$

$$V_{sd} = \Sigma W + P_{V1} + \rho_f \cdot P_{V2} = 1100 \text{ kN}$$

$$\gamma_i \cdot \frac{V_{sd}}{V_{rd}} = 1.5 \times \frac{1100}{4367} = 0.38 \leq 1.0 \qquad \therefore \text{OK}$$

(c) 地震時： 自重＋地震時慣性力＋地震時土圧

$$e = \frac{B}{2} - \frac{V \cdot x - H \cdot y}{V} = \frac{6.50}{2} - \frac{4500 - 1103}{1146} = 0.286 \text{ m}$$

$$B' = B - 2e = 6.50 - 2 \times 0.286 = 5.93 \text{ m}$$

$$A' = B' \cdot BL = 5.93 \times 1.00 = 5.93 \text{ m}^2$$

$$K = 1 + 0.3 \times \left(\frac{1.00}{5.93}\right) = 1.05$$

$$q = \gamma_2 \cdot D_f = 20 \times 2.00 = 40.0 \text{ kN/m}^2$$

$$\tan\theta = \frac{H_B}{V} = \frac{280}{1146} = 0.244$$

図 2-7〜図 2-9 より、$\tan\theta = 0.244$、$\phi = 35°$ であるから、$N_c = 28$、$N_q = 19$、$N_\gamma = 14$

$$Q_u = 5.93 \times \left(1.0 \times 1.05 \times 10 \times 27 + 1.05 \times 40.0 \times 17 + \frac{1}{2} \times 20 \times 1.0 \times 5.93 \times 13\right) = 10490 \text{ kN}$$

$$V_r = 0.6 \times 10490 = 6290 \text{ kN}$$

$$V_{rd} = \frac{V_r}{\gamma_v} = \frac{6290}{1.5} = 4193 \text{ kN}$$

$$V_{sd} = \sum W + P_{V1} + \rho_f \cdot P_{V2} = 1146 \text{ kN}$$

$$\gamma_i \cdot \frac{V_{sd}}{V_{rd}} = 1.5 \times \frac{1146}{4193} = 0.41 \leq 1.0 \qquad \therefore \text{OK}$$

2.2.3 供用荷重による地盤の支持力

2.2.3.1 設計許容支持力

設計許容支持力は支持地盤の N 値より $q_a = 300 \text{ kN/m}^2$ とする。

2.2.3.2 地盤の支持力に対する検討

(a) 常時・荷重ケース1： 自重＋土圧＋上載荷重

底版左端におけるモーメント

$$\begin{aligned} M_0 &= W_c \cdot x + W_s \cdot x + W_q \cdot x + P_{V1} \cdot x + P_{V2} \cdot x - P_{H1} \cdot y - P_{H2} \cdot y \\ &= 379.8 \times 2.52 + 720.0 \times 4.50 + 40.0 \times 4.50 + 0 + 0 - 271 \times 3.33 - 27.1 \times 5.00 \\ &= 3339 \text{ kN} \cdot \text{m} \end{aligned}$$

鉛直荷重

$$N_0 = W_c + W_s + W_q + P_{V1} + P_{V2} = 379.8 + 630.0 + 40.0 + 0 + 0 = 1050 \text{ kN}$$

$$x = \frac{M_0}{N_0} = \frac{3339}{1050} = 3.18 \text{ m}$$

偏心量

$$e = \frac{B}{2} - x = \frac{6.50}{2} - 3.18 = 0.07 \text{ m} \;<\; \frac{B}{6} = \frac{6.50}{6} = 1.08 \text{ m} \qquad \therefore \text{OK}$$

地盤反力 q_1、q_2

$$\left.\begin{array}{c} q_1 \\ q_2 \end{array}\right\} = \frac{N_0}{B}\left(1 \pm \frac{6 \cdot e}{B}\right)$$

$$= \frac{1050}{6.50} \times \left(1 \pm \frac{6 \times 0.07}{6.50}\right) = \begin{cases} q_1 = 171 \text{ kN/m}^2 \\ q_2 = 151 \text{ kN/m}^2 \end{cases} \;<\; q_a = 300 \text{ kN/m}^2 \qquad \therefore \text{OK}$$

(b) 常時・荷重ケース2： 自重＋土圧

底版左端におけるモーメント

$$M_0 = W_c \cdot x + W_s \cdot x + P_{V1} \cdot x + P_{V2} \cdot x - P_{H1} \cdot y - P_{H2} \cdot y$$
$$= 379.8 \times 2.52 + 720.0 \times 4.50 + 0 + 0 - 271 \times 3.33$$
$$= 3295 \text{ kN} \cdot \text{m}$$

鉛直荷重

$$N_0 = W_c + W_s + P_{V1} + P_{V2} = 379.8 + 720.0 + 0 + 0 = 1100 \text{ kN}$$
$$x = \frac{M_0}{N_0} = \frac{3295}{1100} = 3.00 \text{ m}$$

偏心量

$$e = \frac{B}{2} - x = \frac{6.50}{2} - 3.00 = 0.25 \text{ m} \; < \; \frac{B}{6} = \frac{6.50}{6} = 1.08 \text{ m} \qquad \therefore \text{OK}$$

地盤反力 q_1、q_2

$$\left.\begin{array}{c} q_1 \\ q_2 \end{array}\right\} = \frac{N_0}{B}\left(1 \pm \frac{6 \cdot e}{B}\right)$$
$$= \frac{1100}{6.50} \times \left(1 \pm \frac{6 \times 0.25}{6.50}\right) = \begin{cases} q_1 = 208 \text{ kN/m}^2 \\ q_2 = 130 \text{ kN/m}^2 \end{cases} \; < \; q_a = 300 \text{ kN/m}^2 \qquad \therefore \text{OK}$$

供用荷重による地盤反力を図 2-19 に示す。

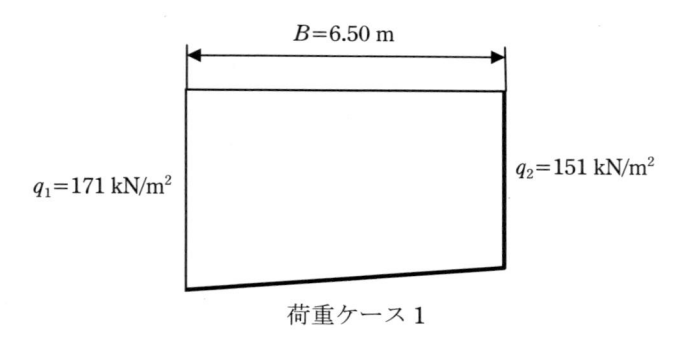

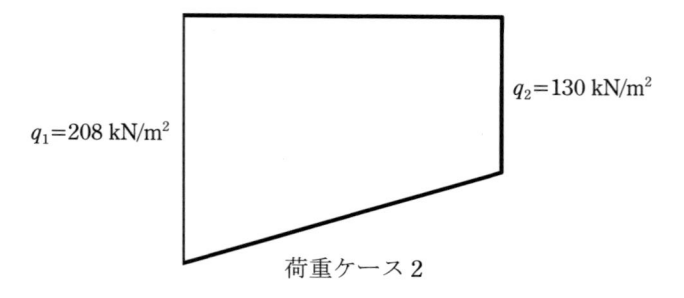

図 2-19　供用荷重による地盤反力

2.3 躯体各部の設計

2.3.1 たて壁の設計

たて壁の設計断面力はフーチングに固定された片持ち梁として計算を行う。断面幅は擁壁延長方向の単位幅1m当たりを考える。土圧は試行くさび法によって計算する。

2.3.1.1 たて壁に作用する土圧
(1) 常時における土圧

図 2-20 に示すたて壁の常時の土圧を試行くさび法によって求める。

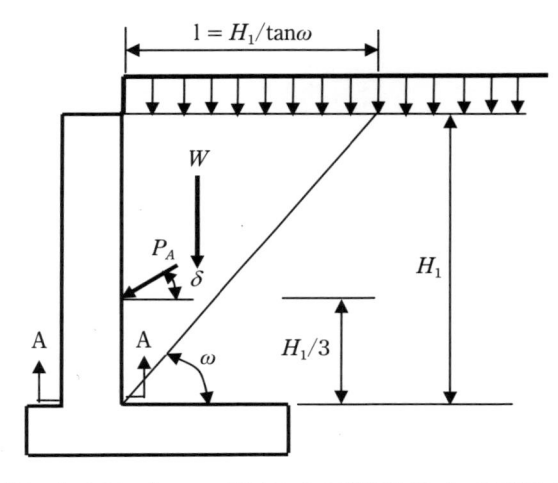

H_1：たて壁の高さ（=9.00 m）、γ_g：裏込め土の単位重量（=20 kN/m³）、ϕ：裏込め土の内部摩擦角（=35°）、β：地表面勾配（=0°）、δ：たて壁の壁面摩擦角（=2/3・ϕ＝2/3×35°＝23.3°）、α：仮想面と土圧作用面となす角（=0°）、q：上載荷重（=10 kN/m²）、ω：仮定した主働すべり角（°）

図 2-20 試行くさび法によるたて壁の土圧

くさびの重量は次式で求める。

$$W_s = \left(\frac{H_1}{\tan\omega} \cdot H_1 \cdot \frac{1}{2}\right) \cdot \gamma_g$$

$$W_q = \frac{H_1}{\tan\omega} \cdot q$$

$$W = W_s + W_q$$

土圧力 P_{As} および P_{Aq}

$$P_{As} = \frac{W_s \cdot \sin(\omega-\phi)}{\cos(\omega-\phi-\delta-\alpha)}$$

$$P_{Aq} = \frac{W_q \cdot \sin(\omega-\phi)}{\cos(\omega-\phi-\delta-\alpha)}$$

土圧合力 P_A
$$P_A = P_{As} + P_{Aq}$$
土圧水平分力 P_{AHs}、および P_{AHq}
$$P_{AHs} = P_{As} \cdot \cos\delta$$
$$P_{AHq} = P_{Aq} \cdot \cos\delta$$
土圧水平合力 P_{AH}
$$P_{AH} = P_{AHs} + P_{AHq}$$
たて壁基部における曲げモーメント M
$$M = \frac{H_1}{3} \cdot P_{AHs} + \frac{H_1}{2} \cdot P_{AHq}$$
せん断力 V
$$V = P_{AH}$$
仮定した ω による P_A の計算結果を**表** 2-11 に示す。

表 2-11　仮定した ω による P_A の計算結果

ω (°)	W_s (kN)	W_q (kN)	W (kN)	P_A (kN)	備考
57.0	526.0	58.4	584.5	236.1	
57.5	516.0	57.3	573.4	237.5	
58.0	506.1	56.2	562.4	238.7	
58.5	496.4	55.2	551.5	239.8	
59.0	486.7	54.1	540.8	240.8	
59.5	477.1	53.0	530.1	241.6	
60.0	467.7	52.0	519.6	242.3	
60.5	458.3	50.9	509.2	242.9	
61.0	449.0	49.9	498.9	243.3	
61.5	439.8	48.9	488.7	243.6	
62.0	430.7	47.9	478.5	243.8	
62.5	421.7	46.9	468.5	243.9	最大値
63.0	412.7	45.9	458.6	243.8	
63.5	403.8	44.9	448.7	243.6	
64.0	395.1	43.9	439.0	243.3	
64.5	386.3	42.9	429.3	242.9	
65.0	377.7	42.0	419.7	242.3	
65.5	369.1	41.0	410.2	241.6	

$\omega = 62.5°$ のとき、最大値 $P_A = 243.9$ kN となり、これを設計土圧合力として採用する。
$W_s = 421.7$ kN、$W_q = 46.9$ kN

P_{As} および P_{Aq}、P_{AHs} および P_{AHq}

$$P_{As} = \frac{W_s \cdot \sin(\omega - \phi)}{\cos(\omega - \phi - \delta - \alpha)} = \frac{421.7 \times \sin(62.5° - 35°)}{\cos(62.5° - 35° - 23.3°)} = 195.2 \text{ kN}$$

$$P_{Aq} = \frac{W_q \cdot \sin(\omega - \phi)}{\cos(\omega - \phi - \delta - \alpha)} = \frac{46.7 \times \sin(62.5° - 35°)}{\cos(62.5° - 35° - 23.3°)} = 21.6 \text{ kN}$$

$$P_{AHs} = P_{As} \cdot \cos\delta = 195.2 \times \cos(23.3°) = 179.3 \text{ kN}$$

$$P_{AHq} = P_{Aq} \cdot \cos\delta = 21.6 \times \cos(23.3°) = 19.9 \text{ kN}$$

土圧水平合力 P_{AH}、曲げモーメント M、せん断力 V は次のとおりである。

$$P_{AH} = P_{AHs} + P_{AHq} = 179.3 + 19.9 = 199.2 \text{ kN}$$

$$M = \frac{H_1}{3} \cdot P_{AHs} + \frac{H_1}{2} \cdot P_{AHq} = \frac{9.00}{3} \times 179.3 + \frac{9.00}{2} \times 19.9 = 537.9 + 89.6 = 627.5 \text{ kN} \cdot \text{m}$$

$$V = P_{AH} = 199.2 \text{ kN}$$

(2) 地震時における土圧

$H_1 = 9.00$ m、$\gamma_g = 20$ kN/m³、$\phi = 35°$、$\beta = 0°$、$\delta = 23.3°$、$\alpha = 0°$、$\alpha = 0°$、$\beta = 0.0°$、$K_H = 0.15$、$K_V = 0.00$

くさびの重量 W_e

$$W_e = \left(\frac{H_1}{\tan \omega} \cdot H_1 \cdot \frac{1}{2} \right) \cdot \gamma_g$$

土圧合力 P_A

$$P_A = \frac{W_e \cdot \sin(\omega - \phi)}{\cos(\omega - \phi - \delta - \beta)}$$

地震時慣性力 P_{HK}

$$P_{HK} = H_1 \cdot t \cdot \gamma_{rc} \cdot K_H$$

曲げモーメント M

$$M_H = \frac{H_1}{3} \cdot P_H$$

$$M_{HK} = \frac{H_1}{2} \cdot P_{HK}$$

$$M = M_H + M_{HK}$$

せん断力 V

$$V = P_H + P_{HK}$$

地震時における ω と P_A の計算結果を**表 2-12** に示す。

表 2-12　地震時における ω と P_A の計算結果

ω (°)	W_e (kN)	P_A (kN)	備考
56.0	546.3	196.0	
56.5	536.1	196.6	
57.0	526.0	197.1	
57.5	516.0	197.5	
58.0	506.1	197.8	
58.5	496.4	197.9	
59.0	486.7	198.0	最大値
59.5	477.1	197.9	
60.0	467.7	197.7	
60.5	458.3	197.4	
61.0	449.0	197.0	
61.5	439.8	196.5	
62.0	430.7	195.9	
62.5	421.7	195.2	

$\omega=59.0°$ のとき、最大値 $P_A=198.0$ kN となり、これを設計土圧合力として採用する。水平土圧分力 P_{AH}、曲げモーメント M、せん断力 V は次のとおりである。

$$P_{HK}=H_1 \cdot t_2 \cdot \gamma_{rc} \cdot K_H = 9.00 \times 1.00 \times 24.5 \times 0.15 = 33.1 \text{ kN}$$

$$P_H = P_A \cdot \cos\delta = 198.0 \times \cos 23.3 = 181.9 \text{ kN}$$

$$M_H = \frac{9.00}{3} \times 181.9 = 545.7 \text{ kN}\cdot\text{m}$$

$$M_{HK} = \frac{9.00}{2} \times 33.1 = 149.0 \text{ kN}\cdot\text{m}$$

$$M = 545.7 + 149.0 = 694.7 \text{ kN}\cdot\text{m}$$

$$V = 181.9 + 33.1 = 215.0 \text{ kN}$$

(3) たて壁に作用する設計断面力のまとめ

たて壁に作用する設計断面力のまとめを**表 2-13**に示す。

表 2-13　たて壁に作用する設計断面力のまとめ

設計状態	荷重区分	曲げモーメント M (kN·m)	せん断力 V (kN)	アーム長 y (m)
常時	土圧	627.5	199.2	3.00
地震時	躯体慣性力	149.0	33.1	4.50
	土圧力	545.7	181.9	3.00
	合計	694.7	215.0	—

2.3.1.2　たて壁の断面破壊に対する検討

曲げモーメント M_d
$$M_d = \gamma_a \cdot \gamma_f \cdot \rho_f \cdot M$$

せん断力 V_d
$$V_d = \gamma_a \cdot \gamma_f \cdot \rho_f \cdot V$$

(1) 常時における設計断面力

土　圧：$\gamma_a=1.0$、$\gamma_f=1.2$、$\rho_f=1.0$
上載荷重：$\gamma_a=1.0$、$\gamma_f=1.2$、$\rho_f=1.7$

設計曲げモーメント M_d
$$M_d = \gamma_a \cdot \gamma_f \cdot \rho_f \cdot M = 1.0 \times 1.2 \times 1.0 \times 537.9 + 1.0 \times 1.2 \times 1.7 \times 89.6 = 828.3 \text{ kN}\cdot\text{m}$$

設計せん断力 V_d
$$V_d = \gamma_a \cdot \gamma_f \cdot \rho_f \cdot V = 1.0 \times 1.2 \times 1.0 \times 179.3 + 1.0 \times 1.2 \times 1.7 \times 19.9 = 255.8 \text{ kN}$$

(2) 地震時における設計断面力

土圧：$\gamma_a=1.0$、$\gamma_f=1.0$、$\rho_f=1.0$

設計曲げモーメント M_d　　$M_d=694.7$ kN·m
設計せん断力 V_d　　$V_d=215.0$ kN

(3) 設計断面力の総括

設計曲げモーメント

　　常時（一般荷重）$M_d=828.3$ kN・m ＞ 地震時（地震荷重）$M_d=694.7$ kN・m

設計せん断力

　　常時（一般荷重）$V_d=255.8$ kN ＞ 地震時（地震荷重）$V_d=215.0$ kN

以上から設計断面力は常時（一般荷重）の数値を採用する。

　　$M_d=828.3$ kN・m、$V_d=255.8$ kN

2.3.1.3　たて壁の断面寸法および鉄筋配置

擁壁延長方向の単位幅 1 m 当たりについて求める。

主鉄筋：D29 を中心間隔 125 mm で配置する。単鉄筋長方形断面

配力鉄筋：D16 を配置する。

かぶり：コンクリート外面から主鉄筋図心までの距離 d' を 100 mm とすると、かぶり c は、$c=100-29/2=85.5$ mm となる。

鉄筋断面積：$A_s=642.4\times1000/125=5139$ mm^2

有効高さ：$d=h-d'=1000-100=900$ mm

たて壁の断面図を図 2-21 に示す。

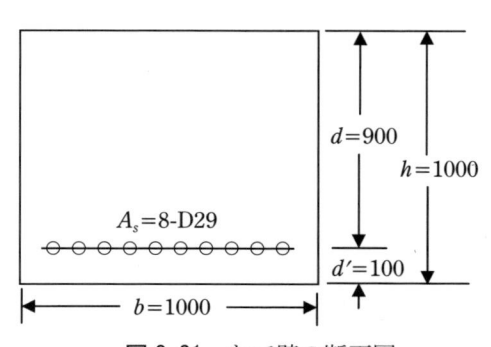

図 2-21　たて壁の断面図

2.3.1.4　設計強度

式(1-5)および式(1-6)を用いて設計強度を求める。

コンクリートの設計圧縮強度 f'_{cd}

$$f'_{cd}=\frac{f'_{ck}}{\gamma_c}=\frac{24}{1.3}=18.5 \text{ N/mm}^2$$

鉄筋の設計引張降伏強度 f_{yd}

$$f_{yd}=\frac{f_{yk}}{\gamma_s}=\frac{345}{1.0}=345 \text{ N/mm}^2$$

2.3.1.5　鉄筋比の照査

設計断面の鉄筋比は式(1-11)を用いて求める。

$$p=\frac{A_s}{b\cdot d}=\frac{5139}{1000\times900}=0.00571$$

つり合い鉄筋比は式(1-10)によって計算する。単鉄筋長方形断面であるから $p'=0$ とする。

$$p_b = 0.68 \cdot \frac{f'_{cd}}{f_{yd}} \cdot \frac{700}{700+f_{yd}} = 0.68 \times \frac{18.5}{345} \times \frac{700}{700+345} = 0.024$$

$p = 0.00571 \; < \; 0.75 p_b = 0.75 \times 0.024 = 0.018 \qquad \therefore \text{OK}$

また、構造細目規定の最小鉄筋比 $p_{\min}=0.002$ を満足している。

2.3.1.6 たて壁の断面破壊の安全性に対する検討
（1） 曲げモーメントに対する安全性照査

ここでは、式(1-7)、式(1-8) および式(1-10)を用いる。
$\gamma_b=1.1$、$\gamma_i=1.1$

等価応力ブロック高さ a

$$a = \frac{A_s \cdot f_{yd}}{0.85 f'_{cd} \cdot b} = \frac{5139 \times 345}{0.85 \times 18.5 \times 1000} = 112.7 \text{ mm}$$

設計曲げ耐力

$$M_{ud} = \frac{A_s \cdot f_{yd}\left(d-\dfrac{a}{2}\right)}{\gamma_b} = \frac{5139 \times 345 \times \left(900-\dfrac{112.7}{2}\right)}{1.1} = 1.36 \times 10^9 \text{ N} \cdot \text{mm}$$

安全性の照査

$$\gamma_i \cdot \frac{M_d}{M_{ud}} = 1.1 \times \frac{828.3}{1.36 \times 10^3} = 0.67 \; < \; 1.0 \qquad \therefore \text{OK}$$

（2） せん断力に対する安全性照査

せん断補強鉄筋は配置しない。式(1-28)〜式(1-31)を用いて設計せん断耐力を計算する。
$\gamma_b=1.3$、$\gamma_i=1.1$

$$f_{vcd} = 0.20\sqrt[3]{f'_{cd}} = 0.20 \times \sqrt[3]{18.5} = 0.529 \text{ N/mm}^2$$

$$\beta_d = \sqrt[4]{\frac{1000}{d}} = \sqrt[4]{\frac{1000}{900}} = 1.03$$

$$\beta_p = \sqrt[3]{100 p} = \sqrt[3]{100 \times 0.00571} = 0.830$$

$$\beta_n = 1.0$$

設計せん断耐力

$$V_{cd} = \frac{\beta_d \cdot \beta_p \cdot \beta_n \cdot f_{vcd} \cdot b \cdot d}{\gamma_b} = \frac{1.03 \times 0.830 \times 1.0 \times 0.529 \times 1000 \times 900}{1.3} = 3.13 \times 10^5 \text{ N}$$

安全性の照査

$$\gamma_i \cdot \frac{V_d}{V_{cd}} = 1.1 \times \frac{255.8}{313} = 0.90 \; < \; 1.0 \qquad \therefore \text{OK}$$

2.3.1.7 たて壁の曲げひび割れ幅の検討

たて壁の基部において供用荷重による曲げひび割れ幅を検討する。安全係数はすべて 1.0 である。

（1） 曲げモーメント
　　土圧による曲げモーメント M_p

$$K_A = \frac{2P_{AHs}}{\gamma_g \cdot H_1^2} = \frac{2 \times 179.3}{20 \times 9.00^2} = 0.221$$

$$M_p = \frac{1}{2}\gamma_g \cdot K_A \cdot H_1^2 \cdot \cos\delta \cdot \frac{1}{3}H_1$$

$$= \frac{1}{2} \times 20 \times 0.221 \times 9.00^2 \times \cos 23.3° \times \frac{1}{3} \times 9.00 = 493.2 \text{ kN} \cdot \text{m}$$

　　上載荷重による曲げモーメント M_r

$$K_A = \frac{2P_{AHq}}{\gamma_g \cdot H_1^2} = \frac{2 \times 19.9}{20 \times 9.00^2} = 0.025$$

$$M_r = q \cdot K_A \cdot H_1 \cdot \cos\delta \cdot \frac{1}{2}H_1$$

$$= 10 \times 0.025 \times 9.00 \times \cos 23.3° \times \frac{1}{2} \times 9.00 = 9.3 \text{ kN} \cdot \text{m}$$

　　合計曲げモーメント M_d
　　ここでは、変動荷重に対する係数 $k_2 = 0.5$ とする。

$$M_d = M_p + k_2 \cdot M_r = 493.2 + 0.5 \times 9.3 = 497.9 \text{ kN} \cdot \text{m}$$

（2） 鉄筋の応力度
　　中立軸およびアーム長に関する比 k、j および鉄筋の応力度 σ_s を次の式によって求める。
　　弾性係数比 $n = E_s/E_c = 200/25 = 8.0$

$$k = np\left(-1 + \sqrt{1 + \frac{2}{np}}\right)$$
$$k = 8 \times 0.00571 \times \left(-1 + \sqrt{1 + \frac{2}{8 \times 0.00571}}\right) = 0.260 \tag{2-28}$$

$$j = 1 - \frac{k}{3}$$
$$j = 1 - \frac{0.260}{3} = 0.913 \tag{2-29}$$

$$\sigma_s = \frac{M_d}{A_s \cdot j \cdot d}$$
$$\sigma_s = \frac{497.9 \times 10^6}{5139 \times 0.913 \times 900} = 118 \text{ N/mm}^2 \tag{2-30}$$

（3） 曲げひび割れ幅
　　曲げひび割れ幅は、式(1-42)〜式(1-44)を用い、鉄筋の中心間隔 $C_s = 125$ mm、鉄筋径 $\phi = 29$ mm、かぶり厚 $c = 85.5$ mm、コンクリートの収縮によるひび割れの増加を考慮したひずみ $\varepsilon'_{csd} = 150 \times 10^{-6}$ とすると、以下のとおりとなる。

$$k_1 = 1.0$$
$$k_2 = \frac{15}{f'_{cd} + 20} = \frac{15}{18.5 + 20} = 0.390$$
$$k_3 = 1.0$$

$$w = 1.1 k_1 \cdot k_2 \cdot k_3 \{4c + 0.7(C_s - \phi)\} \cdot \left(\frac{\sigma_s}{E_s} + \varepsilon'_{csd}\right)$$
$$= 1.1 \times 1.0 \times 0.390 \times 1.0 \times \{4 \times 85.5 + 0.7 \times (125 - 29)\} \times \left(\frac{118}{200 \times 10^3} + 150 \times 10^{-6}\right)$$
$$= 0.130 \text{ mm}$$

（4） 曲げひび割れ幅の照査

構造物の立地環境は腐食性環境とみなされる。ひび割れ幅の制限値 w_a は次のとおりである。

$$w_a = 0.004c = 0.004 \times 85.5 = 0.34 \text{ mm}$$
$$w = 0.130 \text{ mm} < w_a = 0.34 \text{ mm} \qquad \therefore \text{OK}$$

2.3.2 底版の設計
2.3.2.1 地盤反力の計算

荷重の計算結果から $W_c = 379.8$ kN、$W_s = 720.0$ kN、常時では、$P_v = 0$ kN、地震時では $P_v = 45.8$ kN を得ている。

（1） 荷重ケース1の地盤反力

底版先端部モーメント M_0
$$M_0 = M_r - M_{sd} = 4382 - 1038 = 3344 \text{ kN} \cdot \text{m}$$

底版下面の鉛直荷重 N_0
$$N_0 = W_c + W_s + P_v = 379.8 + 720.0 + 40.0 = 1140 \text{ kN}$$

偏心量 e
$$x = \frac{M_0}{N_0} = \frac{3344}{1140} = 2.93 \text{ m}$$
$$e = \frac{B}{2} - x = \frac{6.50}{2} - 2.93 \text{ m} = 0.32 < \frac{B}{6} = \frac{6.50}{6} = 1.08 \text{ m}$$

地盤反力 q_1、q_2
$$\left.\begin{matrix} q_1 \\ q_2 \end{matrix}\right\} = \frac{N_0}{B}\left(1 \pm \frac{6e}{B}\right) = \frac{1140}{6.50} \times \left(1 \pm \frac{6 \times 0.32}{6.50}\right) = \begin{cases} q_1 = 227 \text{ kN/m}^2 \\ q_2 = 124 \text{ kN/m}^2 \end{cases}$$

（2） 荷重ケース2の地盤反力

底版先端部モーメント M_0
$$M_0 = M_r - M_{sd} = 4202 - 902 = 3300 \text{ kN} \cdot \text{m}$$

底版下面の鉛直荷重 N_0
$$N_0 = W_c + W_s + P_v = 379.8 + 720.0 + 0 = 1100 \text{ kN}$$

偏心量 e

$$x = \frac{M_0}{N_0} = \frac{3300}{1100} = 3.00 \text{ m}$$

$$e = \frac{B}{2} - x = \frac{6.50}{2} - 3.00 = 0.25 \text{ m} \ < \ \frac{B}{6} = \frac{6.50}{6} = 1.08 \text{ m}$$

地盤反力 q_1、q_2

$$\left.\begin{matrix}q_1\\q_2\end{matrix}\right\} = \frac{N_0}{B}\left(1 \pm \frac{6e}{B}\right) = \frac{1100}{6.50} \times \left(1 \pm \frac{6 \times 0.25}{6.50}\right) = \begin{cases}q_1 = 208 \text{ kN/m}^2 \\ q_2 = 130 \text{ kN/m}^2\end{cases}$$

（3） 地震時の地盤反力

底版先端部モーメント M_0
$$M_0 = M_r - M_{sd} = 4500 - 1103 = 3397 \text{ kN} \cdot \text{m}$$

底版下面の鉛直荷重 N_0
$$N_0 = W_c + W_s + P_v = 379.8 + 720.0 + 45.8 = 1146 \text{ kN}$$

偏心量 e

$$x = \frac{M_0}{N_0} = \frac{3397}{1146} = 2.96 \text{ m}$$

$$e = \frac{B}{2} - x = \frac{6.50}{2} - 2.96 = 0.29 \text{ m} \ < \ \frac{B}{6} = \frac{6.50}{6} = 1.08 \text{ m}$$

地盤反力 q_1、q_2

$$\left.\begin{matrix}q_1\\q_2\end{matrix}\right\} = \frac{N_0}{B}\left(1 \pm \frac{6e}{B}\right) = \frac{1146}{6.50} \times \left(1 \pm \frac{6 \times 0.29}{6.50}\right) = \begin{cases}q_1 = 224 \text{ kN/m}^2 \\ q_2 = 129 \text{ kN/m}^2\end{cases}$$

地盤反力を図 2-22 に示す。

$B = 6.50$ m

$q_1 = 168$ kN/m^2 $q_2 = 142$ kN/m^2

荷重ケース 1

$q_1 = 180$ kN/m^2 $q_2 = 144$ kN/m^2

荷重ケース 2

$q_1 = 179$ kN/m^2 $q_2 = 146$ kN/m^2

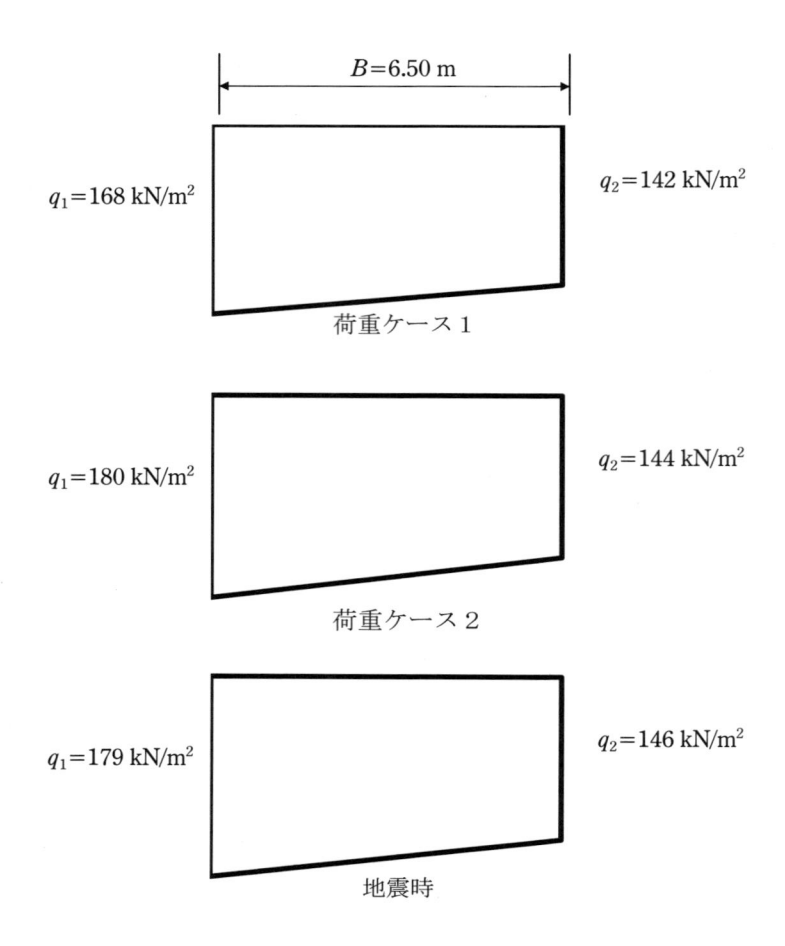

地震時

図 2-22 断面破壊における地盤反力

2.3.2.2 底版の断面破壊に対する検討
（1） つま先版の設計断面力

図 2-23 に示すつま先版（B-B 断面）の設計断面力を求める。

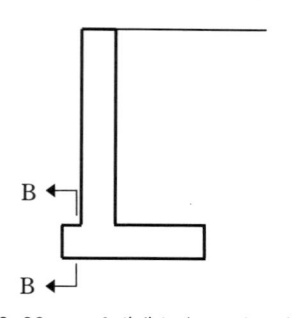

図 2-23 つま先版（B-B 断面）

(a) つま先版自重による曲げモーメント
自重
$$W_0 = B_1 \cdot t_1 \cdot \gamma_{rc} = 1.50 \times 1.00 \times 24.5 = 36.8 \text{ kN}$$
作用長
$$l_0 = \frac{1}{2}B_1 = \frac{1}{2} \times 1.50 = 0.75 \text{ m}$$
曲げモーメント M_0
$$M_0 = W_0 \cdot l_0 = 36.8 \times 0.75 = 27.6 \text{ kN} \cdot \text{m}$$

(b) 荷重ケース1の地盤反力による曲げモーメントおよびせん断力
$$q_3 = q_1 - \frac{q_1 - q_2}{B}B_1 = 227 - \frac{227 - 124}{6.50} \times 1.50 = 203 \text{ kN/m}^2$$
地盤反力
$$Q_1 = \frac{1}{2} \times (q_1 + q_3)B_1 = \frac{1}{2} \times (227 + 203) \times 1.50 = 323 \text{ kN}$$
作用長 l_1
$$l_1 = \frac{1}{3} \cdot \left(\frac{2q_1 + q_3}{q_1 + q_3}\right) \cdot B_1 = \frac{1}{3} \times \left(\frac{2 \times 227 + 203}{227 + 203}\right) \times 1.50 = 0.764 \text{ m}$$
曲げモーメント M_1
$$M_1 = Q_1 \cdot l_1 = 323 \times 0.764 = 246.8 \text{ kN} \cdot \text{m}$$
合計曲げモーメント M
$$M = M_1 - M_0 = 246.8 - 27.6 = 219.2 \text{ kN} \cdot \text{m}$$
せん断力 V
$$V = Q_1 - W_0 = 323 - 36.8 = 286 \text{ kN}$$

(c) 荷重ケース2の地盤反力による曲げモーメントおよびせん断力
$$q_3 = q_1 - \frac{q_1 - q_2}{B}B_1 = 208 - \frac{208 - 130}{6.50} \times 1.50 = 190 \text{ kN/m}^2$$
地盤反力
$$Q_2 = \frac{1}{2} \times (q_1 + q_3)B_1 = \frac{1}{2} \times (208 + 130) \times 1.50 = 253.5 \text{ kN}$$
作用長 l_2
$$l_2 = \frac{1}{3} \cdot \left(\frac{2q_1 + q_3}{q_1 + q_3}\right) \cdot B_1 = \frac{1}{3} \times \left(\frac{2 \times 208 + 190}{208 + 190}\right) \times 1.50 = 0.761 \text{ m}$$
曲げモーメント M_2
$$M_2 = Q_2 \cdot l_2 = 253.5 \times 0.761 = 193.0 \text{ kN} \cdot \text{m}$$
合計曲げモーメント M
$$M = M_2 - M_0 = 193.0 - 27.6 = 165.4 \text{ kN} \cdot \text{m}$$
せん断力 V
$$V = Q_2 - W_0 = 253.5 - 36.8 = 217 \text{ kN}$$

(d) 地震時の地盤反力による曲げモーメントおよびせん断力

地盤反力による曲げモーメント M_3

$$q_3 = q_1 - \frac{q_1 - q_2}{B} B_1 = 227 - \frac{224 - 129}{6.50} \times 1.50 = 204 \text{ kN/m}^2$$

$$Q_3 = \frac{1}{2}(q_1 + q_3) B_1 = \frac{1}{2} \times (224 + 204) \times 1.50 = 321 \text{ kN}$$

$$l_3 = \frac{1}{3}\left(\frac{2q_1 + q_3}{q_1 + q_3}\right) B_1 = \frac{1}{3} \times \left(\frac{2 \times 224 + 204}{224 + 204}\right) \times 1.50 = 0.761 \text{ m}$$

$$M_3 = Q_3 \cdot l_3 = 321 \times 0.761 = 244 \text{ kN} \cdot \text{m}$$

合計曲げモーメント M

$$M = M_3 - M_0 = 244 - 27.6 = 216 \text{ kN} \cdot \text{m}$$

せん断力 V

$$V = Q_2 - W_0 = 321 - 36.8 = 284 \text{ kN}$$

(e) つま先版の設計断面力まとめ

つま先版の設計断面力のまとめを**表 2-14** に示す。

表 2-14 つま先版の設計断面力まとめ

			曲げモーメント M (kN·m)	せん断力 V (kN)
常時		つま先版自重	27.6	36.8
	荷重ケース 1	地盤反力	247	−323
		合　計	219	−286
	荷重ケース 2	地盤反力	193	−254
		合　計	165	−217
地震時		つま先版自重	49.0	49.0
		地盤反力	244	−348
		合　計	216	−284

(2) かかと版の設計断面力

図 2-24 に示すかかと版（C-C 断面）の設計断面力を求める。

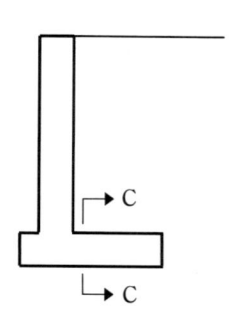

図 2-24 かかと版（C-C 断面）

(a) 常時における設計断面力

自重による曲げモーメント M_0

$$W_0 = t_1 \cdot B_2 \cdot \gamma_{rc} = 1.00 \times 4.00 \times 24.5 = 98 \text{ kN}$$

$$l_0 = \frac{1}{2} B_2 = \frac{1}{2} \times 4.00 = 2.00 \text{ m}$$

$$M_0 = W_0 \cdot l_0 = 98 \times 2.00 = 196 \text{ kN} \cdot \text{m}$$

裏込め土による曲げモーメント M_s

$$W_s = B_2 \cdot H_1 \cdot \gamma_g = 4.00 \times 9.00 \times 20 = 720 \text{ kN}$$

$$l_s = \frac{1}{2} B_2 = \frac{1}{2} \times 4.00 = 2.00 \text{ m}$$

$$M_s = W_s \cdot l_s = 720 \times 2.00 = 1440 \text{ kN} \cdot \text{m}$$

上載荷重による曲げモーメント M_q

荷重修正係数 $\rho_f = 1.7$

$$W_q = \rho_f \cdot B_2 \cdot q = 1.7 \times 4.00 \times 10 = 68 \text{ kN}$$

$$l_q = \frac{1}{2} B_2 = \frac{1}{2} \times 4.00 = 2.00 \text{ m}$$

$$M_q = W_q \cdot l_q = 68 \times 2.00 = 136 \text{ kN} \cdot \text{m}$$

荷重ケース1の地盤反力による曲げモーメント

$$q_4 = q_1 - \frac{q_1 - q_2}{B}(B - B_2) = 227 - \frac{227 - 124}{6.50} \times (6.50 - 4.00) = 187 \text{ kN/m}^2$$

$$W_4 = \frac{1}{2}(q_4 + q_2) \cdot B_2 = \frac{1}{2} \times (187 + 124) \times 4.00 = 622 \text{ kN}$$

$$l_4 = \frac{1}{3} \cdot \frac{q_4 + 2q_2}{q_4 + q_2} \cdot B_2 = \frac{1}{3} \times \frac{187 + 2 \times 124}{187 + 124} \times 4.00 = 1.86 \text{ m}$$

$$M_4 = W_4 \cdot l_4 = 622 \times 1.86 = 1157 \text{ kN} \cdot \text{m}$$

荷重ケース2の地盤反力による曲げモーメント

$$q_5 = q_1 - \frac{q_1 - q_2}{B}(B - B_2) = 208 - \frac{208 - 130}{6.50} \times (6.50 - 4.00) = 178 \text{ kN/m}^2$$

$$W_5 = \frac{1}{2}(q_5 + q_2) \cdot B_2 = \frac{1}{2} \times (178 + 130) \times 4.00 = 616 \text{ kN}$$

$$l_5 = \frac{1}{3} \cdot \frac{q_5 + 2q_2}{q_5 + q_2} \cdot B_2 = \frac{1}{3} \times \frac{178 + 2 \times 130}{178 + 130} \times 4.00 = 1.90 \text{ m}$$

$$M_5 = W_5 \cdot l_5 = 616 \times 1.90 = 1170 \text{ kN} \cdot \text{m}$$

(b) 地震時における設計断面力

自重による曲げモーメント M_0

$$W_0 = t_1 \cdot B_2 \cdot \gamma_c = 1.00 \times 4.00 \times 24.5 = 98 \text{ kN}$$

$$l_0 = \frac{1}{2} B_2 = \frac{1}{2} \times 4.00 = 2.00 \text{ m}$$

$$M_0 = W_0 \cdot l_0 = 98 \times 2.00 = 196 \text{ kN} \cdot \text{m}$$

裏込め土による曲げモーメント M_s

$$W_s = B_2 \cdot H_1 \cdot \gamma_g = 4.00 \times 9.00 \times 20 = 720 \text{ kN}$$

$$l_s = \frac{1}{2} B_2 = \frac{1}{2} \times 4.00 = 2.00 \text{ m}$$

$$M_s = W_s \cdot l_s = 720 \times 2.00 = 1440 \text{ kN} \cdot \text{m}$$

土圧による曲げモーメント M_6

$$W_6 = P_v = 45.8 \text{ kN}$$

$$l_6 = \frac{2}{3} B_2 = \frac{2}{3} \times 4.00 = 2.67 \text{ m}$$

$$M_6 = W_6 \cdot l_6 = 45.8 \times 2.67 = 122 \text{ kN} \cdot \text{m}$$

地盤反力による曲げモーメント M_4

$$q_4 = q_1 - \frac{q_1 - q_2}{B}(B - B_2) = 227 - \frac{227 - 129}{6.50} \times (6.50 - 4.00) = 189 \text{ kN/m}^2$$

$$W_7 = \frac{1}{2}(q_4 + q_2) \cdot B_2 = \frac{1}{2} \times (189 + 129) \times 4.00 = 353 \text{ kN}$$

$$l_4 = \frac{1}{3} \cdot \frac{q_4 + 2q_2}{q_4 + q_2} \cdot B_2 = \frac{1}{3} \times \frac{189 + 2 \times 129}{189 + 129} \times 4.00 = 1.87 \text{ m}$$

$$M_4 = W_7 \cdot l_4 = 353 \times 1.87 = 660 \text{ kN} \cdot \text{m}$$

(c) かかと版の設計断面力のまとめ

かかと版の設計断面力のまとめを**表 2-15** に示す。

表 2-15 かかと版の設計断面力のまとめ

			曲げモーメント M (kN·m)	せん断力 V (kN)
常時	荷重ケース 1	上載荷重	136	68
		裏込め土自重	1440	720
		かかと版自重	196	98
		地盤反力	−1157	−622
		合　計	615	264
	荷重ケース 2	地盤反力	−1170	−537
		合　計	466	281
地震時		裏込め土自重	1440	720
		かかと版自重	196	98
		土圧鉛直成分	122	45.8
		地盤反力	−660	−353
		合　計	1098	511

2.3.2.3　底版の設計断面力の総括

(1) 常時における設計断面力

(a) つま先版の設計断面力

設計曲げモーメントは荷重ケース 1 を、設計せん断力は荷重ケース 2 を採用する。

$\gamma_a = 1.0$、$\gamma_f = 1.2$

設計曲げモーメント

$$M_d = \gamma_a \cdot \gamma_f \cdot M = 1.0 \times 1.2 \times 219 = 263 \text{ kN} \cdot \text{m}$$

設計せん断力
$$V_d = \gamma_a \cdot \gamma_f \cdot V = 1.0 \times 1.2 \times 286 = 343 \text{ kN}$$

(b) かかと版の設計断面力

荷重ケース1の断面力を採用する。

$\gamma_a = 1.0$、$\gamma_f = 1.2$

設計曲げモーメント
$$M_d = \gamma_a \cdot \gamma_f \cdot M = 1.0 \times 1.2 \times 615 = 738 \text{ kN·m}$$

設計せん断力
$$V_d = \gamma_a \cdot \gamma_f \cdot V = 1.0 \times 1.2 \times 281 = 337 \text{ kN}$$

(2) 地震時における設計断面力

(a) つま先版の設計断面力

$\gamma_a = 1.0$、$\gamma_f = 1.0$

設計曲げモーメント
$$M_d = \gamma_a \cdot \gamma_f \cdot M = 1.0 \times 1.0 \times 216 = 216 \text{ kN·m}$$

設計せん断力
$$V_d = \gamma_a \cdot \gamma_f \cdot V = 1.0 \times 1.0 \times 284 = 284 \text{ kN}$$

(b) かかと版の設計断面力

$\gamma_a = 1.0$、$\gamma_f = 1.0$

設計曲げモーメント
$$M_d = \gamma_a \cdot \gamma_f \cdot M = 1.0 \times 1.0 \times 1098 = 1098 \text{ kN·m}$$

設計せん断力
$$V_d = \gamma_a \cdot \gamma_f \cdot V = 1.0 \times 1.0 \times 511 = 511 \text{ kN}$$

(3) 底版の設計断面力の総括

底版の設計断面力の総括を表 2-16 に示す。

表 2-16　底版の設計断面力の総括

	つま先版		かかと版	
	設計曲げモーメント M_d (kN·m)	設計せん断力 V_d (kN)	設計曲げモーメント M_d (kN·m)	設計せん断力 V_d (kN)
常時	263	343	738	337
地震時	216	284	1098	511

2.3.2.4　つま先版における安全性の照査

つま先版の断面図を図 2-25 に示す。

断面：単位幅 $b = 1000$ mm、有効高さ $d = 900$ mm、鉄筋断面積 $A_s = 8\text{-D29} = 5139$ mm^2、鉄筋の中心間隔 125 mm

単鉄筋長方形断面

（1） 常時における照査

(a) 曲げモーメントによる断面破壊に対する安全性の検討

設計曲げ耐力の計算および安全性の照査は、たて壁の場合と同様な計算を行う。以下のとおりである。

$\gamma_b = 1.1$、$\gamma_i = 1.1$

$$a = \frac{A_s \cdot f_{yd}}{0.85 f'_{cd} \cdot b} = \frac{5139 \times 345}{0.85 \times 18.5 \times 1000} = 112.7 \text{ mm}$$

$$M_{ud} = \frac{\left\{A_s \cdot f_{yd} \cdot \left(d - \frac{a}{2}\right)\right\}}{\gamma_b} = \frac{\left\{5139 \times 345 \times \left(900 - \frac{112.7}{2}\right)\right\}}{1.1} = 1.36 \times 10^9 \text{ N} \cdot \text{mm}$$

$$\gamma_i \cdot \frac{M_d}{M_{ud}} = 1.1 \times \frac{263}{1360} = 0.21 < 1.0 \qquad \therefore \text{OK}$$

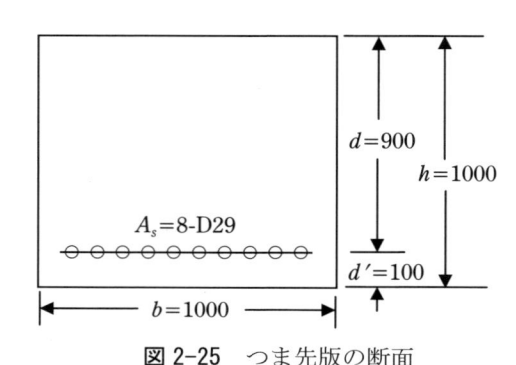

図 2-25 つま先版の断面

(b) せん断力による断面破壊に対する安全性の検討

せん断補強鉄筋として D13 U 形スターラップを間隔 $s_s = 250$ mm で配置する。**図 2-26** にせん断補強鉄筋（スターラップ）の配置を示す。せん断補強鉄筋断面積 $A_w = 2\text{-}D13 = 253$ mm^2

設計せん断耐力 V_{yd} の計算および安全性の照査は以下のとおりである。

$\gamma_b = 1.3$、$\gamma_i = 1.1$

$$\beta_d = \sqrt[4]{\frac{1000}{d}} = \sqrt[4]{\frac{1000}{900}} = 1.03$$

$$\beta_p = \sqrt[3]{100p} = \sqrt[3]{100p} = \sqrt[3]{100 \times 0.00571} = 0.830$$

$$\beta_n = 1.0$$

$$f_{vcd} = 0.529 \text{ N/mm}^2$$

$$V_{cd} = \frac{\beta_d \cdot \beta_p \cdot \beta_n \cdot f_{vcd} \cdot b \cdot d}{\gamma_b} = \frac{1.03 \times 0.830 \times 1.0 \times 0.529 \times 1000 \times 900}{1.3} = 313000 \text{ N}$$

$$z = \frac{d}{1.15} = \frac{900}{1.15} = 783 \text{ mm}$$

$$V_{sd} = \frac{\frac{A_w \cdot f_{wyd} \cdot z}{s_s}}{\gamma_b} = \frac{\frac{253 \times 345 \times 783}{250}}{1.0} = 273000 \text{ N}$$

$$V_{yd} = V_{cd} + V_{sd} = 313 + 273 = 586 \text{ kN}$$

$$\gamma_i \cdot \frac{V_d}{V_{yd}} = 1.1 \times \frac{343}{586} = 0.64 < 1.0 \qquad \therefore \text{OK}$$

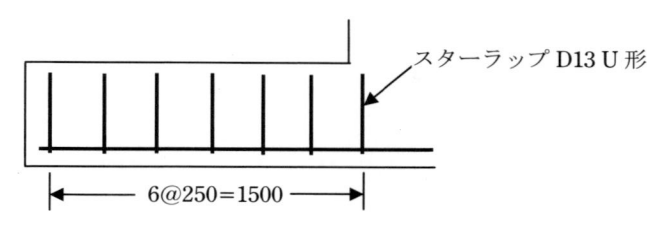

図 2-26　せん断補強鉄筋（スターラップ）の配置

（2）地震時における照査

(a) 曲げモーメントによる断面破壊に対する安全性の検討

$$M_{ud} = 1360 \text{ kN} \cdot \text{m}$$

$$\gamma_i \cdot \frac{M_d}{M_{ud}} = 1.1 \times \frac{216}{1360} = 0.17 < 1.0 \qquad \therefore \text{OK}$$

(b) せん断力による断面破壊に対する安全性の検討

$$V_{yd} = 586 \text{ kN}$$

$$\gamma_i \cdot \frac{V_d}{V_{yd}} = 1.1 \times \frac{284}{586} = 0.53 < 1.0 \qquad \therefore \text{OK}$$

2.3.2.5　かかと版における安全性の照査

かかと版の断面図を図 2-27 に示す。

断面：$b = 1000$ mm、$d = 900$ mm、$A_s = 8\text{-D29} = 5139$ mm^2、間隔 125 mm、単鉄筋長方形断面

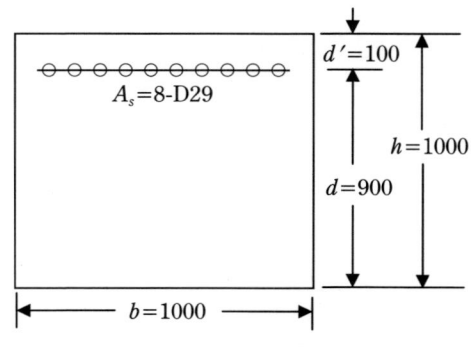

図 2-27　かかと版の断面

(1) 常時における照査
　(a) 曲げモーメントによる断面破壊に対する安全性の検討
　　$\gamma_b = 1.1$、$\gamma_i = 1.1$

$$a = \frac{A_s \cdot f_{yd}}{0.85 f'_{cd} \cdot b} = \frac{5139 \times 345}{0.85 \times 18.5 \times 1000} = 112.7 \text{ mm}$$

$$M_{ud} = \frac{\left\{ A_s \cdot f_{yd} \cdot \left(d - \frac{a}{2} \right) \right\}}{\gamma_b} = \frac{\left\{ 5139 \times 345 \times \left(900 - \frac{112.7}{2} \right) \right\}}{1.1} = 1.36 \times 10^9 \text{ N} \cdot \text{mm}$$

$$\gamma_i \cdot \frac{M_d}{M_{ud}} = 1.1 \times \frac{738}{1360} = 0.60 < 1.0 \qquad \therefore \text{OK}$$

　(b) せん断力による断面破壊に対する安全性の検討
　せん断補強鉄筋として D13 U 形スターラップを間隔 $s_s = 250$ mm で配置する。
　せん断補強鉄筋断面積 $A_w = 2\text{-D13} = 253 \text{ mm}^2$
　設計せん断耐力の計算および安全性の照査は以下のとおりである。
　　$\gamma_b = 1.3$、$\gamma_i = 1.1$

$$\beta_d = \sqrt[4]{\frac{1000}{d}} = \sqrt[4]{\frac{1000}{900}} = 1.03$$

$$\beta_p = \sqrt[3]{100p} = \sqrt[3]{100p} = \sqrt[3]{100 \times 0.00571} = 0.830$$

$$\beta_n = 1.0$$

$$f_{vcd} = 0.529 \text{ N}/\text{mm}^2$$

$$V_{cd} = \frac{\beta_d \cdot \beta_p \cdot \beta_n \cdot f_{vcd} \cdot b \cdot d}{\gamma_b} = \frac{1.03 \times 0.830 \times 1.0 \times 0.529 \times 1000 \times 900}{1.3} = 313000 \text{ N}$$

$$z = \frac{d}{1.15} = \frac{900}{1.15} = 783 \text{ mm}$$

$$V_{sd} = \frac{\frac{A_w \cdot f_{wyd} \cdot z}{s_s}}{\gamma_b} = \frac{\frac{253 \times 345 \times 783}{250}}{1.0} = 273000 \text{ N}$$

$$V_{yd} = V_{cd} + V_{sd} = 313 + 273 = 586 \text{ kN}$$

$$\gamma_i \cdot \frac{V_d}{V_{yd}} = 1.1 \times \frac{337}{586} = 0.63 < 1.0 \qquad \therefore \text{OK}$$

(2) 地震時における照査
　(a) 曲げモーメントによる断面破壊に対する安全性の検討

$$M_{ud} = 1342 \text{ kN} \cdot \text{m}$$

$$\gamma_i \cdot \frac{M_d}{M_{ud}} = 1.1 \times \frac{1098}{1360} = 0.89 < 1.0 \qquad \therefore \text{OK}$$

　(b) せん断力による断面破壊に対する安全性の検討

$V_{yd} = 586 \text{ kN}$

$\gamma_i \cdot \dfrac{V_d}{V_{yd}} = 1.1 \times \dfrac{511}{586} = 0.96 < 1.0 \qquad \therefore \text{OK}$

2.3.2.6 底版断面の鉄筋比の照査

つり合い鉄筋比 $p_b = 0.024$、最小鉄筋比 $p_{\min} = 0.002$

$0.75 p_b = 0.75 \times 0.024 = 0.018 > p = 0.00571 > p_{\min} = 0.002 \qquad \therefore \text{OK}$

2.3.2.7 底版のひび割れ幅に対する検討

かかと版（C-C 断面）における常時の曲げひび割れ幅の検討を行う。構造物の立地環境は腐食性環境とみなされる。

供用荷重による剛体安定において用いた、荷重ケース 2 の地盤反力を用いる。

（1） C-C 断面における地盤反力

$q_4 = q_2 + (q_1 - q_2) \cdot \dfrac{B_2}{B} = 130 + (208 - 130) \times \dfrac{4.00}{6.50} = 178 \text{ kN/m}^2$

（2） 設計曲げモーメント

変動荷重に対する係数 $k_2 = 0.5$

$\begin{aligned}
M &= M_p + k \cdot M_r \\
&= \dfrac{1}{2} \gamma_g \cdot b \cdot H_1 \cdot B_2{}^2 + \dfrac{1}{2} \gamma_{rc} \cdot b \cdot t_1 \cdot B_2{}^2 - \dfrac{1}{6}(q_4 + 2q_2) \cdot b \cdot B_2{}^2 + k_2 \dfrac{1}{2} q \cdot b \cdot B_2{}^2 \\
&= \dfrac{1}{2} \times 20 \times 1.00 \times 9.00 \times 4.00^2 + \dfrac{1}{2} \times 24.5 \times 1.00 \times 1.00 \times 4.00^2 \\
&\quad - \dfrac{1}{6} \times (178 + 2 \times 130) \times 1.00 \times 4.00^2 + 0.5 \times \dfrac{1}{2} \times 10 \times 1.00 \times 4.00^2 \\
&= 508 \text{ kN} \cdot \text{m}
\end{aligned}$

（3） 鉄筋の応力度

弾性係数比 $n = E_s/E_c = 200/25 = 8.0$

$k = np\left(-1 + \sqrt{1 + \dfrac{2}{np}}\right) = 8 \times 0.00571 \times \left(-1 + \sqrt{1 + \dfrac{2}{8 \times 0.00571}}\right) = 0.260$

$j = 1 - \dfrac{k}{3} = 1 - \dfrac{0.260}{3} = 0.913$

$\sigma_s = \dfrac{M_d}{A_s \cdot j \cdot d} = \dfrac{508 \times 10^6}{5139 \times 0.913 \times 900} = 120 \text{ N/mm}^2$

（4） 曲げひび割れ幅

鉄筋の中心間隔 $C_s = 125$ mm、鉄筋径 $\phi = 29$ mm、かぶり厚 $c = 85.5$ mm、コンクリートの収縮によるひび割れの増加を考慮したひずみ $\varepsilon'_{csd} = 150 \times 10^{-6}$

$k_1 = 1.0$

$k_2 = \dfrac{15}{f'_{cd} + 20} = \dfrac{15}{18.5 + 20} = 0.390$

$k_3 = 1.0$

$\begin{aligned}
w &= 1.1 k_1 \cdot k_2 \cdot k_3 \{4c + 0.7(C_s - \phi)\} \cdot \left(\dfrac{\sigma_s}{E_s} + \varepsilon'_{csd}\right) \\
&= 1.1 \times 1.0 \times 0.390 \times 1.0 \times \{4 \times 85.5 + 0.7 \times (125 - 29)\} \times \left(\dfrac{120}{200 \times 10^3} + 150 \times 10^{-6}\right) \\
&= 0.132 \text{ mm}
\end{aligned}$

(5) 曲げひび割れ幅の照査

構造物の立地環境は、腐食性環境であり、ひび割れ幅の制限値 w_a は次に示すとおりである。

$w_a = 0.004c = 0.004 \times 85.5 = 0.34$ mm

$w = 0.132$ mm $< w_a = 0.34$ mm   ∴ OK

2.4 設計図面の作成

2.4.1 鉄筋配置

鉄筋コンクリート構造物の中に配置する鉄筋は、主鉄筋、配力鉄筋、用心鉄筋、および組立て鉄筋がある。

たて壁および底版の主な鉄筋の配置を 図 2-28 に示す。

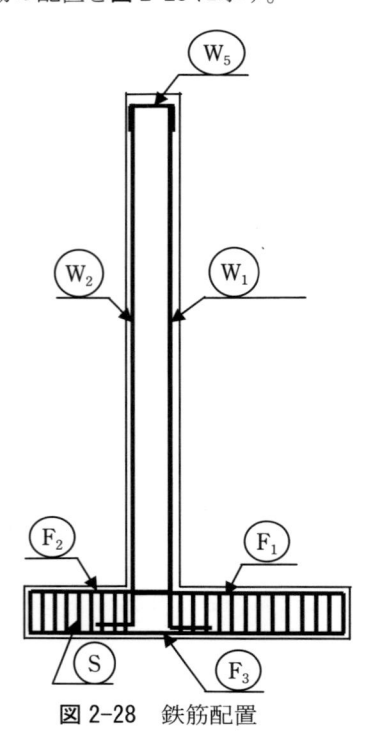

図 2-28 鉄筋配置

2.4.2 鉄筋の定着長

(1) 主鉄筋の基本定着長

主鉄筋の基本定着長は、次式によって求める[1]。主鉄筋の定着長は、規定値 l_d 以上、または 20ϕ 以上とする。

$$l_d = \alpha \cdot \frac{f_{yd}}{4 \cdot f_{bod}} \cdot \phi \geq 20\phi \tag{2-31}$$

ここに、l_d：基本定着長（mm）、ϕ：主鉄筋の直径（mm）、f_{yd}：鉄筋の設計引張降伏強度（N/mm²）、f_{bod}：コンクリートの設計付着強度（N/mm²）、α：修正係数

$$f_{bod} = \frac{0.28 \cdot f'_{ck}{}^{2/3}}{\gamma_C} = \frac{0.28 \times 24^{2/3}}{1.3} = 1.8 \, \text{N/mm}^2$$

$$k_c = \frac{c}{\phi} + \frac{15 \cdot A_t}{s \cdot \phi}$$

$$c = \frac{1}{2} \cdot (C_s - \phi)$$

ここに、c：鉄筋の下側のかぶりと定着する鉄筋のあきの半分の値のうちの小さい方（mm）、C_s：主鉄筋の間隔（mm）、A_t：仮定される割裂破壊面に垂直な横方向鉄筋の断面積（mm²）、s：横方向鉄筋の中心間隔（mm）

$k_c \leq 1.0$ の場合 $\alpha=1$、$1.0 < k_c \leq 1.5$ の場合 $\alpha=0.9$、$1.5 < k_c \leq 2.0$ の場合 $\alpha=0.8$、$2.0 < k_c \leq 2.5$ の場合 $\alpha=0.7$、$2.5 < k_c$ の場合 $\alpha=0.6$

(2) たて壁の主鉄筋 W_1 の基本定着長

主鉄筋のかぶり c

$$c = t_1 - d - \frac{\phi}{2} = 1000 - 900 - \frac{29}{2} = 85.5 \, \text{mm}$$

主鉄筋のあきの半分

$$c = \frac{1}{2} \times (125 - 29) = 48.0 \, \text{mm}$$

$c=48.0$ mm、配力鉄筋として D16 を用いると $A_t=198.6$ mm² であるから、

$$k_c = \frac{c}{\phi} + \frac{15 \cdot A_t}{s \cdot \phi} = \frac{48.0}{29} + \frac{15 \times 198.6}{250 \times 29} = 2.07$$

$2.0 < k_c \leq 2.5$ の場合、$\alpha=0.7$ を用いる。定着長 l_d は次の式によって計算できる。

$$l_d = \alpha \frac{f_{yd}}{4 \cdot f_{bod}} \cdot \phi = 0.7 \times \frac{345}{4 \times 1.8} \times 29 = 973 \, \text{mm}$$

なお、定着長は、標準フックを設ける場合には 10ϕ だけ減じることができる。したがって、標準フックを設けると、$l_d = 973 - 10\phi = 973 - 10 \times 29 = 683$ mm となる。

D29 の標準フック（半円形）は**図 2-29** に示すとおりである。フック長＝$228+116=344$ mm

$4\phi=116$ mm

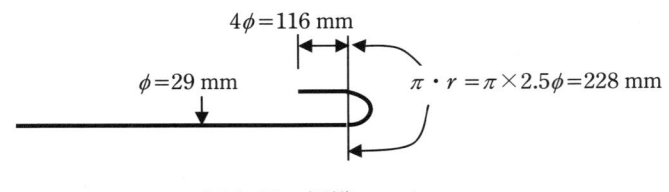

$\phi=29$ mm

$\pi\cdot r=\pi\times 2.5\phi=228$ mm

図 2-29　標準フック

2.4.3　たて壁の鉄筋加工寸法

たて壁の主鉄筋 W_1 の長さ・形
D29、間隔 125 mm、標準フック付き
W_1 の長さ $=H-d'_1-d'_2+l_d=10000-100-100+973-10\times29=10483$ mm　→　10500 mm

たて壁の鉛直圧縮鉄筋（擁壁前面側）W_2 の長さ｜形
D16、間隔は 250 mm、標準フック付き
W_2 の長さ $=10000-100-100+\pi\times2.5\times16=9926$ mm　→　9950 mm

たて壁の延長方向の水平配力鉄筋（擁壁背面側）W_3 の長さ―形
D13、間隔 250 mm
W_3 の長さ $=10000-100-100=9800$ mm

たて壁の延長方向の水平用心鉄筋（擁壁前面側）W_4 の長さ―形
D13、間隔 250 mm
W_4 の長さ $=10000-100-100=9800$ mm

用心鉄筋 W_5（天端筋）の長さ ⊓ 形　　図 2-30 に用心鉄筋を示す。
D16、間隔 250 mm
W_5 の長さ $=t_2-d'_1-d'_2+100=1000-100-100+200=1000$ mm

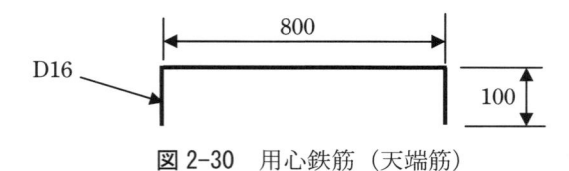

図 2-30　用心鉄筋（天端筋）

2.4.4　底版の鉄筋加工寸法

底版上側の主鉄筋 F_1 の長さ⌐形
D29、間隔 125 mm
F_1 の長さ $=B_2+l_d+t_1/2=4000+973+1000/2=5473$ mm　→　5500 mm

底版上側の圧縮鉄筋 F_2 の長さ―形
D29、間隔 125 mm
F_2 の長さ $=B_1+l_d+t_1/2=1500+973+1000/2=2973$ mm　→　3000 mm

底版下側の主鉄筋 F_3 の長さ⊐形

D29、間隔 125 mm、両端を直角フックにする。

F_3 の長さ $= B - d'_1 - d'_2 + \pi \cdot 2.5\phi/2 + 12\phi$
$= 6500 - 100 - 100 + 2 \times (3.14 \times 2.5 \times 29/2 + 12 \times 29) = 7224$ mm → 7250 mm

せん断補強鉄筋（スターラップ）S の長さ　図 2-31 にせん断補強鉄筋を示す。

D13 を U 形加工し間隔 250 mm で配置する。

S の長さ $= 500 + 2 \times (t_1 - d'_1 - d'_2) + \pi \cdot 2.0\phi/2 + 12\phi$
$= 500 + 2 \times (1000 - 100 - 100) + 3.14 \times 2.0 \times 13/2 + 12 \times 13$
$= 2494$ mm → 2500 mm

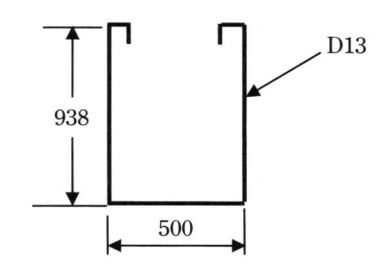

図 2-31　せん断補強鉄筋（スターラップ）

底版延長方向の配力鉄筋（底版上側）F_4 の長さ―形

D13、間隔 250 mm

F_4 の長さ $= 10000 - 100 - 100 = 9800$ mm

底版延長方向の配力鉄筋（底版下側）F_5 の長さ―形

D13、間隔 250 mm

F_5 の長さ $= 10000 - 100 - 100 = 9800$ mm

2.4.5　鉄筋の加工寸法の総括

擁壁長 10 m の鉄筋の加工寸法を表 2-17 に示す。

表 2-17　鉄筋の加工寸法（擁壁長 10 m）

部材	位置	鉄筋記号	鉄筋径	全長 (mm)	本数	端部形状
たて壁	主鉄筋	W_1	D29	10500	81	・形
	圧縮鉄筋	W_2	D16	9950	40	│形
	配力鉄筋	W_3	D13	9800	40	―形
	用心鉄筋	W_4	D13	9800	40	―形
	用心鉄筋	W_5	D13	1000	40	⊓形
底版上側	主鉄筋	F_1	D29	5500	81	⌐形
底版上側	圧縮鉄筋	F_2	D29	3000	81	⌐形
底版下側	主鉄筋	F_3	D29	7250	81	⊐形
底版上側	配力鉄筋	F_4	D13	9800	40	―形
底版下側	配力鉄筋	F_5	D13	9800	40	―形
底版	せん断補強鉄筋	S	D13	2500	400	U 形

コラム2

代数方程式の数値解法

代数方程式の実用解を求める数値解法についてニュートン法によって計算する方法を紹介する。代数方程式$f(x)=0$の近似値をx_iから出発して新しい近似値x_{i+1}を求める計算は次式によって表される。

$$x_{i+1} = x_i - \frac{f(x_i)}{f'(x_i)} \tag{a}$$

この関係を初期値x_0から順次x_1、x_2、x_3、…を求め、$x_{i+1}=x_i$となるまで反復計算して解を見出す方法である。

[例] 次の3次方程式の解をニュートン法によって求める。

$$f(a) = a^3 - 368a^2 + 9.60 \times 10^4 a - 3.46 \times 10^7 = 0 \tag{b}$$

<第Ⅲ編の2.4.4.3（5）の計算＞

[解] 式(b)をaについて微分すると次式となる。

$$f'(a) = 3a^2 - 736a + 9.60 \times 10^4 \tag{c}$$

初期値として$a_0=275$を式(a)へ代入してa_1を求める。以下反復計算を行う。計算結果を下表に示す。

$$a_1 = a_0 - \frac{a_0^3 - 368a_0^2 + 9.60 \times 10^4 a_0 - 3.46 \times 10^7}{3a_0^2 - 736a_0 + 9.60 \times 10^4}$$

$$= 275 - \frac{275^3 - 368 \times 275^2 + 9.60 \times 10^4 \times 275 - 3.46 \times 10^7}{3 \times 275^2 - 736 \times 275 + 9.60 \times 10^4} = 423.4$$

計算結果

i	a_i	a_{i+1}
0	275	401.4
1	401.4	368.6
2	368.6	364.9
3	364.9	364.8
4	364.8	364.8

以上から$a=364.8$となる。

第III編

カルバート

1 ボックスカルバートの設計要点

1.1 概 説

　カルバートとは、道路や鉄道などの下を横断する通路や水路等の空間を得るための盛土あるいは地盤内に設けられる構造物を指す。暗渠とも呼ばれ、地下排水溝、地下水路、下水溝も含まれる。ここでは、ボックスカルバート（box culvert）の設計要点について述べる。

1.2 カルバートの分類

1.2.1 使用材料による分類
　① 鉄筋コンクリート製カルバート
　② プレストレストコンクリート製カルバート
　③ 鋼製カルバート
　④ プラスチック製カルバート

1.2.2 構造形式による分類
　① 剛性カルバート
　　　・ボックスカルバート
　　　・門形カルバート
　　　・アーチカルバート
　② パイプカルバート
　　　・剛性パイプカルバート ───┬── 遠心力鉄筋コンクリート管
　　　　　　　　　　　　　　　　└── プレストレストコンクリート管
　　　・たわみ性パイプカルバート ─┬── 鋼製カルバート
　　　　　　　　　　　　　　　　├── 硬質塩化ビニルパイプカルバート
　　　　　　　　　　　　　　　　├── 強化プラスチック複合パイプカルバート
　　　　　　　　　　　　　　　　└── 高耐圧ポリエチレンパイプカルバート

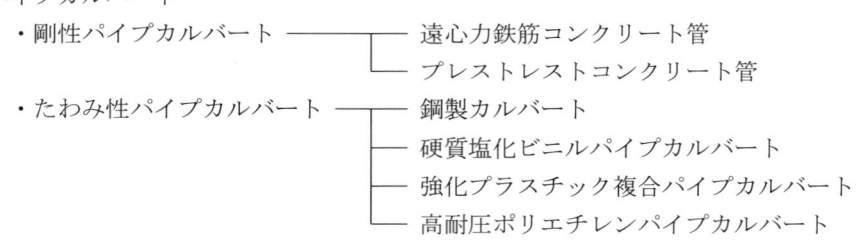

1.2.3 使用目的による分類
　① 通路用（道路用、鉄道用）
　② 水路用

1.2.4 施工形態による分類
　① 場所打ちボックスカルバート
　② プレキャスト（工場製品）ボックスカルバート

1.3 ボックスカルバートの構造形態と名称・記号

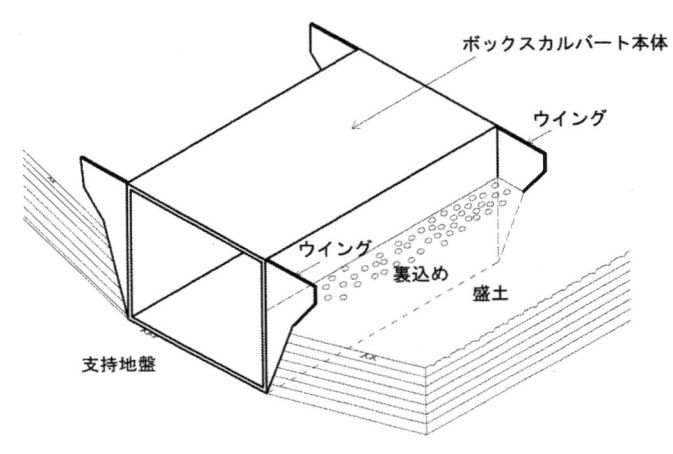

全体的に見たボックスカルバートの構造形態を図 3-1 に示す。ボックスカルバートの基礎形式は、構造物が支持地盤に直接支えられる直接基礎を原則とし、ボックスカルバートは、周辺地盤と一体となった地中構造物と考える。一般にボックスカルバートの両端にはウイングが設けられる。ウイングはボックスカルバート本体が完成後に行われる盛土ののり面の巻き込み防止や土留めのため、通路や水路の両側に設けられる壁である。

図 3-1 全体的に見たボックスカルバートの構造形態

ボックスカルバートの横断方向に対する名称・記号を図 3-2 に示す。

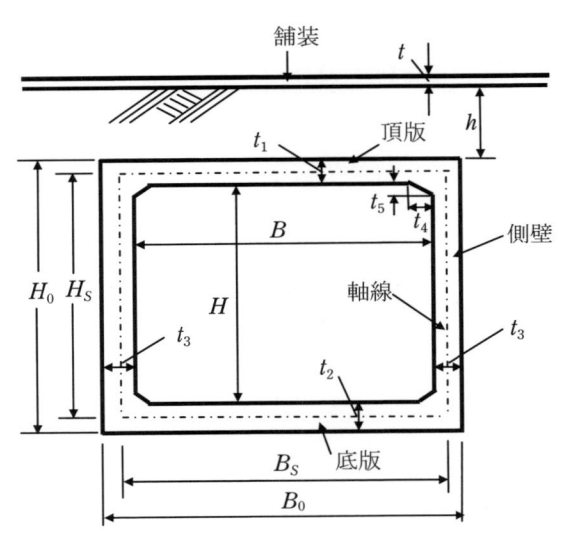

h：土かぶり (m)、t：舗装厚 (m)、B：内空幅 (m)、B_0：外面幅 (m)、B_s：側壁軸線間距離 (m)、H：内空高さ (m)、H_0：外面高さ (m)、H_s：頂版底版軸線間距離 (m)、t_1：頂版厚 (m)、t_2：底版厚 (m)、t_3：側壁厚 (m)、t_4：ハンチ水平距離 (m)、t_5：ハンチ鉛直距離 (m)

図 3-2 ボックスカルバートの名称・記号

1.4 設計荷重

1.4.1 荷重の種類
ボックスカルバートの設計において考慮する荷重は次のとおりである。
- ① 死荷重 ─┬─ カルバート躯体の自重
  　　　　　└─ カルバート内の荷重（土、水）
- ② 土圧（鉛直方向、水平方向）
- ③ 舗装体の自重
- ④ 活荷重（衝撃を含む）
- ⑤ 水圧
- ⑥ 浮力
- ⑦ 地震の影響
- ⑧ 温度変化の影響
- ⑨ コンクリートの収縮の影響

1.4.2 土圧

1.4.2.1 鉛直土圧
図 3-3 に示すカルバートの上載土によるカルバート上面に作用する鉛直土圧 p_{vd} は、次式によって算出できる[7]。

$$p_{vd} = \alpha \cdot \gamma \cdot h \tag{3-1}$$

ここに、α：鉛直土圧係数（表 3-1 に示す値を用いる）、γ：カルバート上部の土の単位体積重量（kN/m³）、h：カルバートの土かぶり、舗装表面よりカルバート上面までの距離（m）

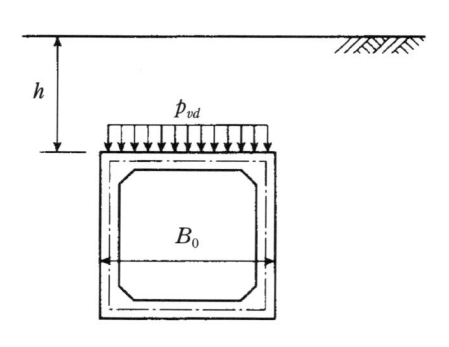

図 3-3 上載土による鉛直土圧[7]

表 3-1 鉛直土圧係数

条 件		鉛直土圧係数 α
次の条件のいずれかに該当する場合 ・良好な地盤上に設置する直接基礎のカルバートで、土かぶりが 10 m 以上でかつ内空高さが 3 m を超える場合 ・杭基礎等で盛土の沈下にカルバートが抵抗する場合	$h/B_0 < 1$	1.0
	$1 \leq h/B_0 < 2$	1.2
	$2 \leq h/B_0 < 3$	1.35
	$3 \leq h/B_0 < 4$	1.5
	$4 \leq h/B_0$	1.6
上記以外の場合		1.0

1.4.2.2 水平土圧
図 3-4 に示すカルバート側方の水平土圧 p_{hd} は、次式によって求める[7]。

$$p_{hd} = K_0 \cdot \gamma \cdot z \tag{3-2}$$

ここに、K_0：静止土圧係数（通常の砂質土や粘性土に対しては、0.5 と考えてよい）、z：地表より任意点までの深さ（m）

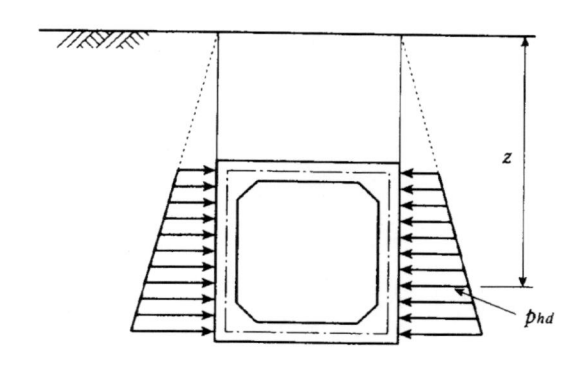

図 3-4 側方の土による水平土圧[7]

1.4.3 活荷重
1.4.3.1 活荷重による鉛直土圧
(a) 土かぶり 4 m 未満の場合

車両はカルバート縦方向には制限なく載荷させるものとする。縦方向単位長さ当たりの換算荷重は次式によって計算する。後輪換算荷重は式(3-3)、前輪換算荷重は式(3-4)で求める[7]。

$$P_{l1}(\text{kN/m}) = \frac{2 \times 後輪荷重 \ (\text{kN})}{\text{T荷重1組の占有幅} \ (\text{m})} \times (1 + 衝撃係数 \ i) \tag{3-3}$$

$$P_{l2}(\text{kN/m}) = \frac{2 \times 前輪荷重 \ (\text{kN})}{\text{T荷重1組の占有幅} \ (\text{m})} \times (1 + 衝撃係数 \ i) \tag{3-4}$$

衝撃係数を表 3-2 に示す。

表 3-2 衝撃係数

土かぶり h (m)	衝撃係数 i
$h > 4.0$	0.3
$4.0 \leq h$	0

後輪による鉛直土圧は式(3-5)、前輪による鉛直土圧は式(3-6)で求める[7]。

$$後輪:p_{vl1}(\text{kN/m}^2) = \frac{P_{l1} \cdot b}{W_1} \tag{3-5}$$

$$前輪:p_{vl2}(\text{kN/m}^2) = \frac{P_{l2} \cdot b}{W_2} \tag{3-6}$$

ここに、W_1：後輪荷重の分布幅 (m)、W_2：前輪荷重の分布幅 (m)、β：断面力の低減係数

断面力の低減係数を表 3-3 に示す。

表 3-3 断面力の低減係数

	土かぶり $h \leq 1\text{m}$ かつ内空幅 $B \geq 4\text{m}$	左記以外
β	1.0	0.9

後輪の載荷位置は支間中央とする。前輪の影響がない場合は図 3-5 に示す鉛直土圧を、前輪の影響を考える場合は図 3-6 に示す鉛直土圧を載荷させる。

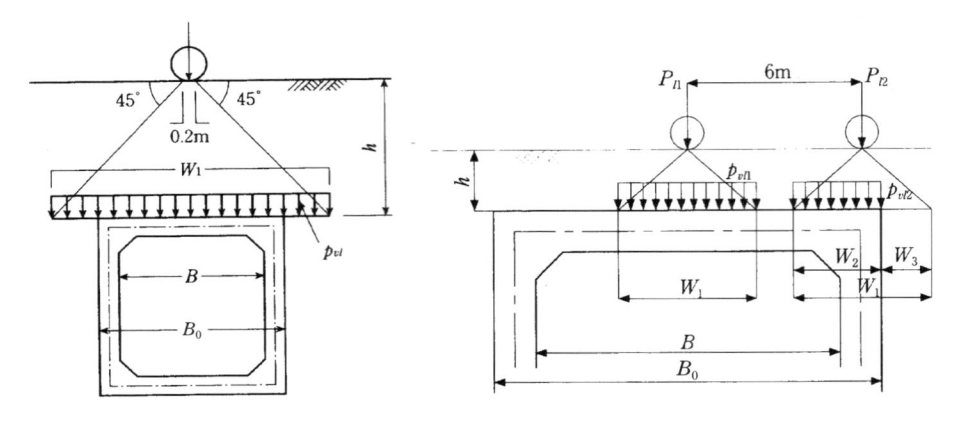

図 3-5 後輪のみを考慮した活荷重[7]　　**図 3-6** 後輪および前輪を考慮した活荷重[7]

(b) 土かぶり 4 m 以上の場合

土かぶり 4 m 以上の場合の活荷重による鉛直土圧は頂版上面に一様に 10 kN/m² の荷重を載荷させる。

1.4.3.2 活荷重による水平土圧

カルバートに作用させる活荷重による水平土圧は、図 3-7 に示すとおり、載荷荷重 10 kN/m² に静止土圧係数 K_0 をかけた $10K_0$ kN/m² として求める。両側面に作用させる。

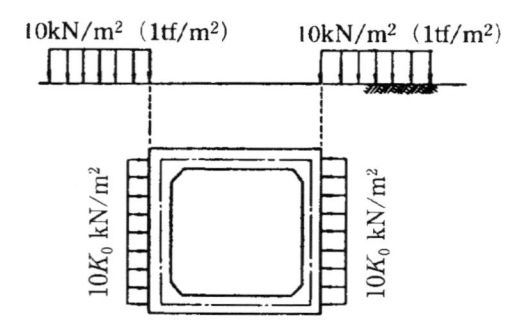

図 3-7 活荷重による水平土圧[7]

1.5 断面力の計算

ボックスカルバートの設計は、通常、断面横断方向に対して行う。縦方向に対しては弾性床上の梁として取り扱うことが考えられるが、軟弱地盤で沈下の恐れがない場合は検討する必要がない。すなわち、ボックスカルバートの横断方向に単位幅 1 m を取り出して断面力を解析する。荷重の計算は、外面寸法 B_0、H_0 を用い、断面力の計算は、軸線間寸法 B_s、H_s を用いる。

1.5.1 断面力の計算に用いる荷重の組み合わせ
1.5.1.1 土かぶり4m未満の場合

土かぶりが4m未満の場合の荷重の組み合わせは、図3-8に示す。頂底版の断面力が最大となる荷重ケース1と側壁の断面力が最大となる荷重ケース2の二通りについて計算する。

荷重ケース1
(頂底版の断面力が最大となる場合)

荷重ケース2
(側壁の断面力が最大となる場合)

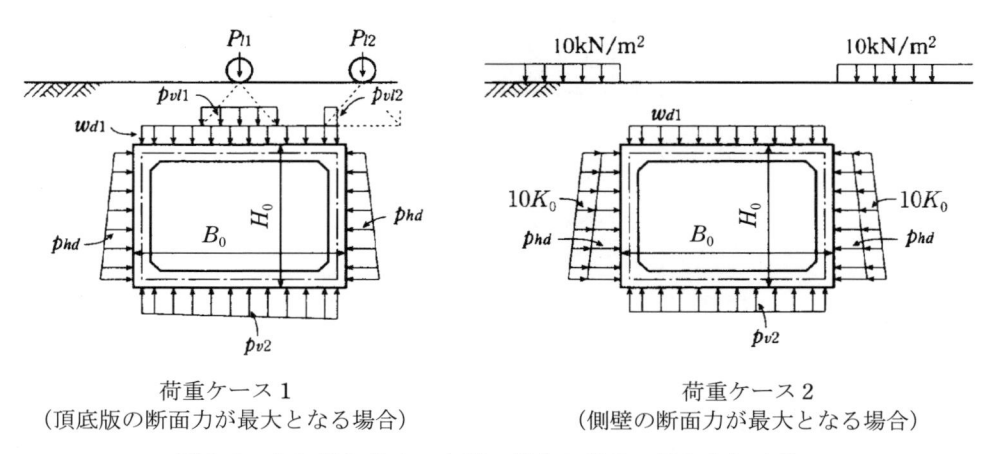

図3-8 土かぶりが4m未満の場合の荷重の組み合わせ[7]

1.5.1.2 土かぶり4m以上の場合

土かぶりが4m以上の場合の荷重の組み合わせは、図3-9に示す。上載荷重による鉛直土圧と水平土圧を考える。

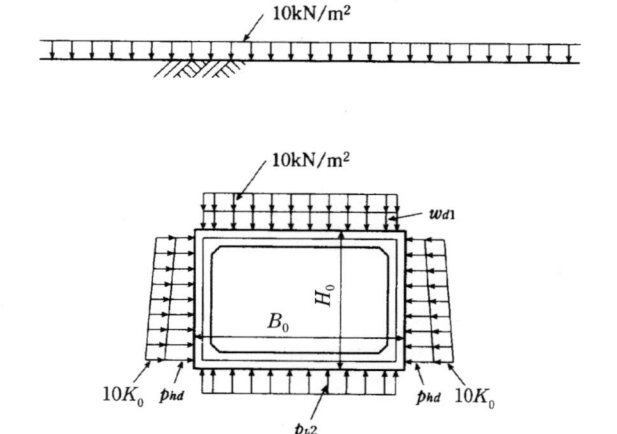

図3-9 土かぶりが4m以上の場合の荷重の組み合わせ[7]

1.5.2 たわみ角法による解析
1.5.2.1 たわみ角法による断面力の算定

ボックスカルバートは不静定構造物で、その断面力は一般にたわみ角法によって求めら

れる。ボックスカルバートは**図 3-10** に示すとおり荷重状態および構造が左右対称である場合が多い。ヤング係数を一定とするとこの場合、節点 A、B、C、D の節点回転角 θ の関係は、次のとおりである。なお、部材回転角 ϕ はすべて $\phi=0$ となる。

$$\theta_A = -\theta_D \qquad \theta_B = -\theta_C \tag{3-7}$$

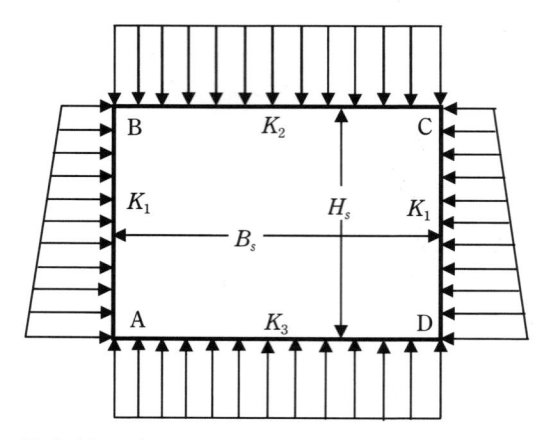

図 3-10 ボックスカルバートの荷重状態と構造

各部材の材端モーメントは、たわみ角法の基礎式を用いると次式で与えられる。

$$\begin{aligned}
M_{AB} &= K_1(2\theta_A + \theta_B) - C_{AB} \\
M_{BA} &= K_1(2\theta_B + \theta_A) + C_{BA} \\
M_{BC} &= K_2(2\theta_B + \theta_C) - C_{BC} \\
M_{CB} &= K_2(2\theta_C + \theta_B) + C_{CB} \\
M_{DA} &= K_3(2\theta_D + \theta_A) - C_{DA} \\
M_{AD} &= K_3(2\theta_A + \theta_D) + C_{AD}
\end{aligned} \tag{3-8}$$

ここに、M：部材の材端モーメント（N・m）、K：部材の剛比、C：荷重項（N・m）

剛比は、側壁を基準剛度として頂版の剛度および底版の剛度を基準剛度で除した値をいう。

$$K_1 = 1.0 \qquad K_2 = \frac{H_s \cdot I_2^3}{B_s \cdot I_1^3} \qquad K_3 = \frac{H_s \cdot I_3^3}{B_s \cdot I_1^3} \tag{3-9}$$

ここに、K_1：側壁の剛比、K_2：頂版の剛比、K_3：底版の剛比

モーメントのつり合いから節点方程式を求める。

$$M_{BC} + M_{CB} = 0 \qquad M_{AD} + M_{DA} = 0 \tag{3-10}$$

式(3-10)に式(3-8)を代入すると、次式が得られる。

$$\begin{aligned}
(2+K_3) \cdot \theta_A + \theta_B &= C_{AB} - C_{AD} \\
\theta_A + (2+K_2) \cdot \theta_B &= C_{BC} - C_{BA}
\end{aligned} \tag{3-11}$$

マトリックス表記にすると次式となる。

$$\begin{bmatrix} 2+K_3 & 1 \\ 1 & 2+K_2 \end{bmatrix} \begin{bmatrix} \theta_A \\ \theta_B \end{bmatrix} = \begin{bmatrix} C_{AB} - C_{AD} \\ C_{BC} - C_{BA} \end{bmatrix} \tag{3-12}$$

式(3-12)を解いて未知量 θ_A および θ_B を求める。

$$\theta_A = \frac{\begin{bmatrix} C_{AB} - C_{AD} & 1 \\ C_{BC} - C_{BA} & 2 + K_2 \end{bmatrix}}{\begin{bmatrix} 2 + K_3 & 1 \\ 1 & 2 + K_2 \end{bmatrix}} = \frac{(2 + K_2) \times (C_{AB} - C_{AD}) - (C_{BC} - C_{BA})}{(2 + K_3) \times (2 + K_2) - 1} \quad (3\text{-}13)$$

$$\theta_B = \frac{\begin{bmatrix} 2 + K_3 & C_{AB} - C_{AD} \\ 1 & C_{BC} - C_{BA} \end{bmatrix}}{\begin{bmatrix} 2 + K_3 & 1 \\ 1 & 2 + K_2 \end{bmatrix}} = \frac{(2 + K_3) \times (C_{BC} - C_{BA}) - (C_{AB} - C_{AD})}{(2 + K_3) \times (2 + K_2) - 1} \quad (3\text{-}14)$$

これらを式(3-8)に代入すれば各材端モーメントが計算できる。

せん断力は、例えば部材 AB について次の式で求められる。

$$S_{AB} = \frac{2w_1 + w_2}{6} \cdot l - \frac{M_{AB} + M_{BA}}{l} \quad (3\text{-}15)$$

$$S_{BA} = -\frac{w_1 + 2w_2}{6} \cdot l - \frac{M_{AB} + M_{BA}}{l} \quad (3\text{-}16)$$

ここに、S_{AB}：部材 AB の A 端のせん断力（N）、w_1：A 端の分布荷重（N/m）、w_2：B 端の分布荷重（N/m）、l：部材のスパン長（m）、S_{BA}：部材 BA の B 端のせん断力（N）

軸方向力は部材端のせん断力より求められる。

1.5.2.2 荷重項の計算

たわみ角法の解析で必要となる荷重項は、両端固定梁の材端曲げモーメントで表され、以下のとおりである。単位は N·m で表す。

(a) 等分布荷重の場合（図 3-11）

$$C_{AB} = C_{BA} = \frac{w \cdot l^2}{12} \quad (3\text{-}17)$$

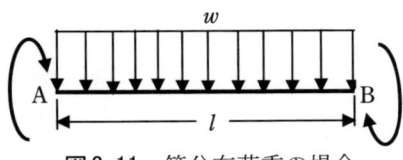

図 3-11 等分布荷重の場合

(b) 台形分布荷重の場合（図 3-12）

$$C_{AB} = \frac{l^2}{60} \cdot (3w_1 + 2w_2) \quad (3\text{-}18)$$

$$C_{BA} = \frac{l^2}{60} \cdot (2w_1 + 3w_2) \quad (3\text{-}19)$$

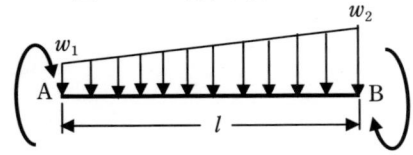

図 3-12 台形分布荷重の場合

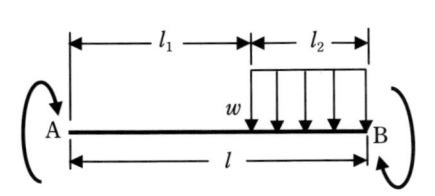

(c) 部分等分布荷重の場合（図 3-13）

$$C_{AB} = \frac{w}{12l^2} \cdot l_2^{\ 3}(4l - 3l_2) \quad (3\text{-}20)$$

$$C_{BA} = \frac{w}{12l^2} \cdot \left\{ l^4 - l_1^{\ 3}(4l - 3l_1) \right\} \quad (3\text{-}21)$$

図 3-13 部分等分布荷重の場合

1.6 ボックスカルバートの耐震性

　ボックスカルバートは地中に埋設されており、ボックスカルバートと地盤は一体となって変形挙動すると考えてよい。ボックスカルバート本体は地震時に際して地盤の変形に追随することから、その耐震性については一般に考慮しなくてもよい。しかし、継手部分や出入り口は地震の影響を受ける。ここでは、ボックスカルバート本体の設計に限定し、耐震性については考慮しない。

1.7 ボックスカルバートの設計フロー

　ボックスカルバートの設計フローを**図 3-14** に示す。設計条件としては必要内空断面、土かぶり、平面形状、縦断勾配、地形および地質、環境、施工形態が与えられる。

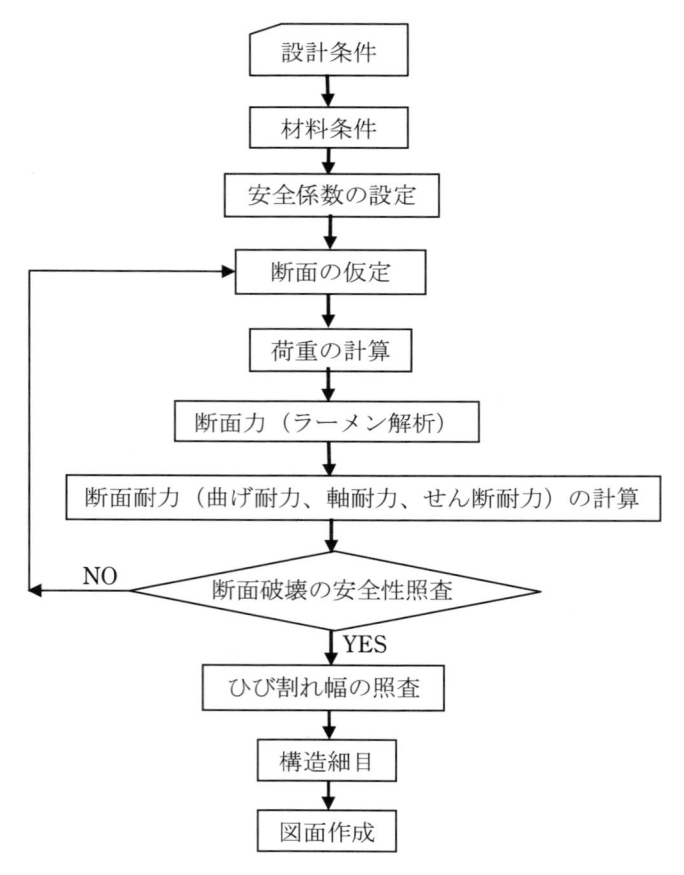

```
設計条件
  ↓
材料条件
  ↓
安全係数の設定
  ↓
断面の仮定 ←──┐
  ↓           │
荷重の計算     │
  ↓           │
断面力（ラーメン解析）│
  ↓           │
断面耐力（曲げ耐力、軸耐力、せん断耐力）の計算 │
  ↓           │
断面破壊の安全性照査 ──NO──┘
  ↓ YES
ひび割れ幅の照査
  ↓
構造細目
  ↓
図面作成
```

図 3-14 ボックスカルバートの設計フロー

1.8 本書の対象と適用規準

　本書では、道路用に用いるボックスカルバートを対象にする。設計手法は、荷重算定は道路土工—カルバート工指針（平成 21 年度版）[7]に基づいて計算し、断面力や耐力、ひび

割れ幅については土木学会コンクリート標準示方書［設計編］（2007年制定）[1]による限界状態設計法を適用する。

コラム3
限界状態設計法における安全係数

　コンクリート標準示方書の限界状態設計法における最大の課題は、安全係数 γ の値をどのように設定するかであろう。安全係数は本来、確率論的安全評価手法によって定められるべきであるが、データの蓄積が乏しく、この手法は導入されていない。確率論的安全評価とは、発生し得るあらゆる破壊事象を対象として、その頻度と影響を定量化し、リスクの度合いで安全性を評価する。最悪の状況を考える方法である。コンクリート標準示方書の安全係数は決定論的安全評価手法に立脚している。決定論的安全評価とは、過去の経験を踏まえて予想される事態を想定する方法である。結局はこれまでの許容応力度設計法と整合性が取れるように設定されているのが実状である。

　コンクリート標準示方書の限界状態設計法に規定された安全係数には、材料の品質のばらつきを配慮した材料係数、部材寸法のばらつきや部材の重要度を配慮した部材係数、荷重のばらつきを配慮した荷重係数、構造解析の不確実性を配慮した構造解析係数、構造物の重要度や社会経済的影響を配慮した構造物係数が導入されている。そのうち、最も不確定な要素を伴うのが荷重係数である。

　道路構造物の場合、トラック・トレーラーによる過積載車輌が日常茶飯事に走行している事実がある。過積載車輌は規定の積載重量を超えた荷物を積んで走る違法車輌のことであるが、これが構造物に大きな損傷を与える。25トン車が40トンを超えて積載していた違反例もあるという。道路橋では過積載車輌を想定し荷重係数を定める必要があるのだが実態を掴むのは難しい。

　2011年の東日本大震災によって炉心溶融した福島第一原子力発電所では、津波来襲に備えて高さ5.7mの防潮堤を設けていたが、15mの津波に襲われ無残に崩壊した。ここでも1000年に一度の巨大地震をどのように評価するのか答えは出ていない。荷重や外力を予想して設計に具現化することは極めて難問である。

2 ボックスカルバートの設計例

2.1 設計条件

2.1.1 一般条件
① 構造形式　鉄筋コンクリート一連ボックスカルバート　道路下横断通路
② 基礎構造　直接基礎
③ 内空断面　幅 $B=6.00$ m　高さ $H=4.50$ m
④ 土かぶり　$h=2.80$ m
⑤ 道路舗装厚　$t=0.20$ m
⑥ 全かぶり　$h_g=h+t=3.00$ m

2.1.2 地質条件
① 単位体積重量　$\gamma_s=18$ kN/m^3
② 土の内部摩擦角　$\phi=25°$
③ 土の粘着力　$c=0$ kN/m^2
④ N値　$N=20$
⑤ 埋戻し土　現地盤と同等以上

2.1.3 作用荷重
① 盛土の単位体積重量　$\gamma_s=18$ kN/m^3
② アスファルトの単位体積重量　$\gamma_a=22.5$ kN/m^3
③ 鉄筋コンクリートの単位体積重量　$\gamma_{rc}=24.5$ kN/m^3
④ 活荷重　T-25 荷重
⑤ 土圧係数（静止土圧）$k_o=0.5$

2.1.4 使用材料
［コンクリート］
① 設計基準強度 $f'_{ck}=24$ N/mm^2、粗骨材の最大寸法 $G_{max}=20$ mm
② ヤング係数　$E_c=25$ kN/mm^2

［鉄筋］
① SD295A、引張降伏強度 $f_{yk}=295$ N/mm^2、圧縮降伏強度 $f'_{yk}=295$ N/mm^2
② ヤング係数　$E_s=200$ kN/mm^2

2.1.5 環境条件
カルバート内側、外側とも一般の環境とする。

2.2 断面仮定

設計条件に対して仮定した断面は**図 3-15** に示すとおりである。

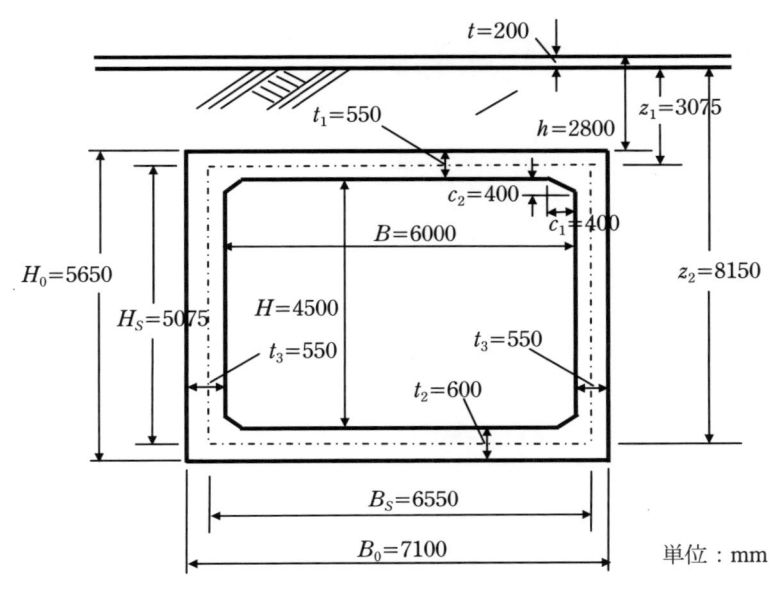

図 3-15 仮定断面

2.3 設計基準

土木学会コンクリート標準示方書［設計編］に基づいた限界状態設計法によって設計する。設計において検討する項目は、次のとおりである。
- 断面破壊に対する安全性照査
- 耐久性（ひび割れ）に対する安全性照査

本設計に用いる安全係数を**表 3-4** に、荷重修正係数を**表 3-5** にそれぞれ示す。

表 3-4 安全係数

安全係数				断面破壊	ひび割れ
材料係数 γ_m	コンクリート			1.3	
	鉄 筋			1.0	
荷重係数 γ_f	永久荷重	躯体自重		1.3	1.0
		土圧	鉛直方向		
			水平方向		
		舗装	鉛直方向		
			水平方向		
	変動荷重	活荷重			
構造解析係数 γ_a				1.0	
部材係数 γ_b	曲 げ			1.1	
	せん断			コンクリート 1.3 鉄筋 1.1	
構造物係数 γ_i				1.1	—

表 3-5 荷重修正係数

荷重修正係数 ρ_f	断面破壊	躯体自重		1.0
		土圧	鉛直方向	
			水平方向	
		舗装荷重	鉛直方向	
			水平方向	
		活荷重	鉛直方向	1.7
			水平方向	

2.4 断面破壊に対する検討

2.4.1 設計荷重
2.4.1.1 活荷重

土かぶり 4 m 未満の場合を適用する。車両はカルバート縦方向には制限なく載荷させるものとする。縦方向単位長さ当たりの換算荷重は式(3-3)によって計算する。T 荷重による占有長さは 2.75 m、衝撃係数 $i=0.3$ である。

［単位長さ当たりの自動車後輪荷重］

$$P_{l1} = \frac{2 \times 100}{2.75} \times (1+0.3) = 94.5 \text{ kN/m}$$

後輪による鉛直土圧は式(3-5)によって、水平土圧は式(3-2)によってそれぞれ求められる。

［鉛直方向］

$$p_{vl1} = \rho_f \cdot \gamma_f \cdot \frac{P_{l1} \cdot \beta}{W_1} = \rho_f \cdot \gamma_f \cdot \frac{P_{l1} \cdot \beta}{2h_g + 0.20} = 1.7 \times 1.3 \times \frac{94.5 \times 0.9}{2 \times 3.0 + 0.20} = 30.3 \text{ kN/m}^2$$

［水平方向］

$$p_{hl1} = p_{vl1} \cdot K_0 = 30.3 \times 0.5 = 15.2 \text{ kN/m}^2$$

（1） 荷重ケース 1

荷重ケース 1 は、①自動車後輪荷重による活荷重、②躯体自重、土圧、舗装荷重による永久荷重、③地盤反力、を載荷させた荷重状態を考える。

(a) 活荷重

後輪による鉛直荷重

$p_{vl1} = 30.3$ kN/m²、 $p_{hl1} = 15.2$ kN/m²

(b) 永久荷重

① 躯体自重

頂版自重

$$D_1 = \rho_f \cdot \gamma_f \cdot \gamma_c \cdot (t_1 \cdot B_0 + c_1 \cdot c_2) = 1.0 \times 1.3 \times 24.5 \times (0.55 \times 7.10 + 0.40 \times 0.40)$$
$$= 130 \text{ kN/m}$$

両側壁自重

$$D_2 = \rho_f \cdot \gamma_f \cdot 2 \cdot \{\gamma_c \cdot (t_3 \cdot H)\} = 1.0 \times 1.3 \times 2 \times \{24.5 \times (0.55 \times 4.50)\} = 158 \text{ kN/m}$$

底版自重
$$D_3 = \rho_f \cdot \gamma_f \cdot \gamma_c \cdot B_0 \cdot t_2 = 1.0 \times 1.3 \times 24.5 \times 7.10 \times 0.60 = 135 \text{ kN/m}$$

② 土圧
鉛直方向
$$p_{vd1} = \rho_f \cdot \gamma_f \cdot \alpha \cdot \gamma_s \cdot h = 1.0 \times 1.3 \times 1.0 \times 18 \times 2.80 = 65.5 \text{ kN/m}^2$$

水平土圧
$$p_{hd1} = \rho_f \cdot \gamma_f \cdot K_0 \cdot \gamma_s \cdot z_1 = 1.0 \times 1.3 \times 0.5 \times 18 \times 3.075 = 36.0 \text{ kN/m}^2$$
$$p_{hd2} = \rho_f \cdot \gamma_f \cdot K_0 \cdot \gamma_s \cdot z_2 = 1.0 \times 1.3 \times 0.5 \times 18 \times 8.15 = 95.3 \text{ kN/m}^2$$

③ 舗装荷重
鉛直方向
$$p_{va} = \rho_f \cdot \gamma_f \cdot \gamma_a \cdot t = 1.0 \times 1.3 \times 22.5 \times 0.20 = 5.84 \text{ kN/m}^2$$

水平方向
$$p_{ha} = K_0 \cdot p_{va} = 0.5 \times 5.84 = 2.92 \text{ kN/m}^2$$

(c) 地盤反力
$$p_{v2} = p_{vd1} + p_{va} + \frac{D_1}{B_s} + p_{vl1} + \frac{D_2}{B_s} = 65.5 + 5.84 + \frac{130}{6.55} + 30.3 + \frac{158}{6.55} = 146 \text{ kN/m}^2$$

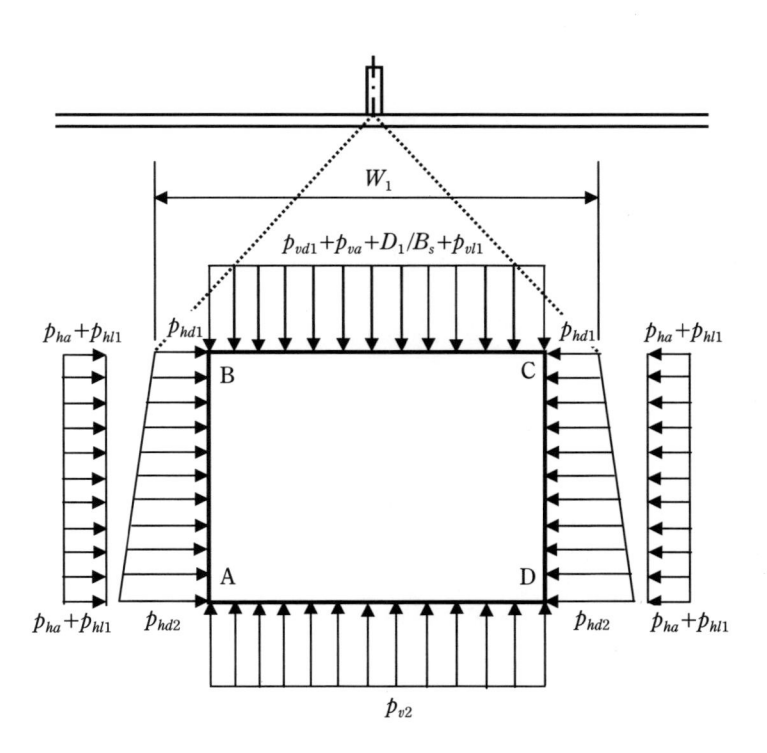

図 3-16 荷重ケース1の荷重図

(2) 荷重ケース2

荷重ケース2は、①自動車輪荷重による水平活荷重、②躯体自重、土圧、舗装荷重による永久荷重、③地盤反力、を載荷させた荷重状態を考える。輪荷重の代わりに側壁延長線上の両側に活荷重 10 kN/m² を載荷重として作用させ、深さに関係なく水平方向に $10\,\mathrm{kN}\cdot K_0$ を両側に作用させる。

(a) 活荷重
  水平荷重
  $$p_{hl2} = \rho_f \cdot \gamma_f \cdot q \cdot K_0 = 1.7 \times 1.3 \times 10 \times 0.50 = 11.0\,\mathrm{kN/m^2}$$

(b) 永久荷重
  ① 躯体自重
    頂版自重
    $$D_1 = 130\,\mathrm{kN/m}$$
    両側壁自重
    $$D_2 = 158\,\mathrm{kN/m}$$
    底版自重
    $$D_3 = 135\,\mathrm{kN/m}$$
  ② 土圧
    鉛直土圧
    $$p_{vd1} = 65.5\,\mathrm{kN/m^2}$$
    水平土圧
    $$p_{hd1} = 36.0\,\mathrm{kN/m^2}$$
    $$p_{hd2} = 95.3\,\mathrm{kN/m^2}$$
  ③ 舗装荷重
    鉛直方向
    $$p_{va1} = 5.84\,\mathrm{kN/m^2}$$
    水平方向
    $$p_{ha1} = 2.92\,\mathrm{kN/m^2}$$

(c) 地盤反力
$$p_{v1} = p_{vd1} + p_{va1} + \frac{D_1}{B_s} = 65.5 + 5.84 + \frac{130}{6.55} = 91.2\,\mathrm{kN/m^2}$$

$$p_{v2} = p_{vd1} + p_{va1} + \frac{D_1}{B_s} + \frac{D_2}{B_s} = 65.5 + 5.84 + \frac{130}{6.55} + \frac{158}{6.55} = 115\,\mathrm{kN/m^2}$$

(3) 地盤反力と設計地耐力

地盤反力の比較

  荷重ケース1： $p_{v2}=146\,\mathrm{kN/m^2}$ ＞ 荷重ケース2： $p_{v2}=115\,\mathrm{kN/m^2}$

  荷重ケース1の地盤反力は、荷重ケース2の地盤反力よりも大きい。

設計地耐力
$$Q = p_{v2} + t_2 \cdot \gamma_{rc} = 146 + 0.60 \times 24.5 = 161\,\mathrm{kN/m^2}$$

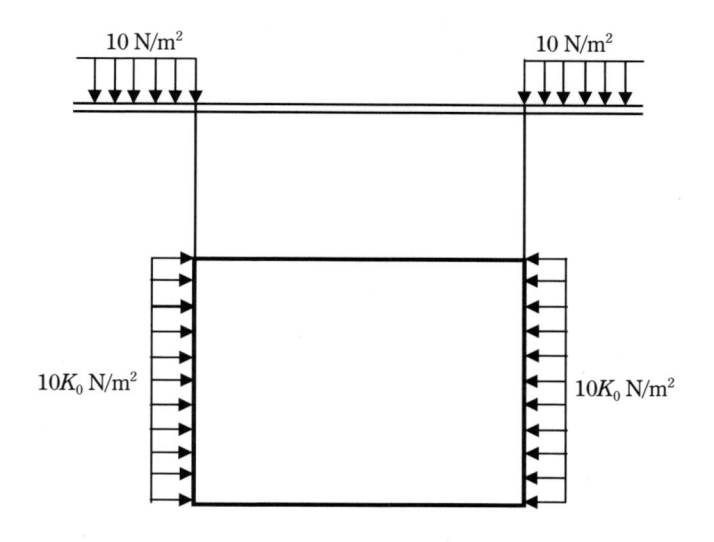

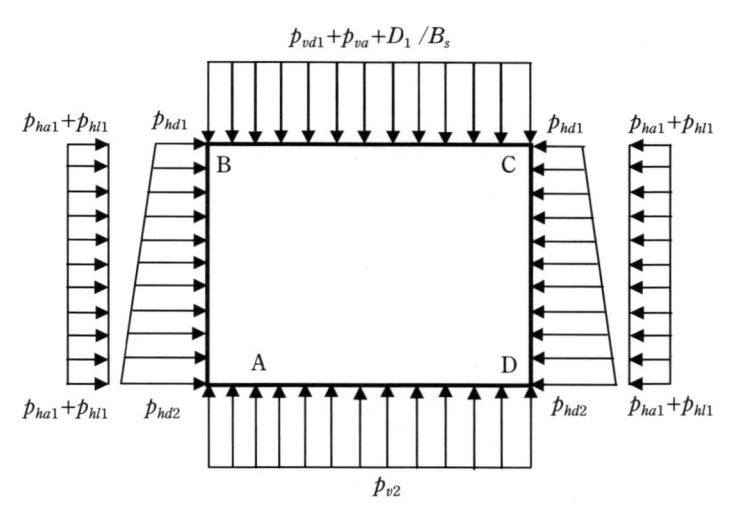

図 3-17 荷重ケース 2 の荷重図

2.4.1.2 荷重項の計算

たわみ角法による荷重項は、式(3-17)～式(3-19)を適用して計算する。

(1) 荷重ケース 1 の荷重項

両端固定梁の支点曲げモーメントとして計算する。

$$C_{AB} = C_{DC} = \frac{H_s^2}{60}\{2\cdot(p_{hd1}+p_{ha}+p_{hl1})+3\cdot(p_{hd2}+p_{ha}+p_{hl1})\}$$

$$= \frac{5.075^2}{60}\times\{2\times(36.0+2.92+15.2)+3\times(95.3+2.92+15.2)\}$$

$$= 193 \text{ kN}\cdot\text{m}$$

$$C_{BA} = C_{CD} = \frac{H_s^2}{60}\left\{3\cdot(p_{hd1}+p_{ha}+p_{hl1})+2\cdot(p_{hd2}+p_{ha}+p_{hl1})\right\}$$

$$= \frac{5.075^2}{60}\times\left\{3\times(36.0+2.92+15.2)+2\times(95.3+2.92+15.2)\right\}$$

$$= 167 \text{ kN}\cdot\text{m}$$

$$C_{BC} = C_{CB} = \frac{2\cdot\left(p_{vd1}+p_{va}+\dfrac{D_1}{B_s}\right)\cdot B_s^3 + p_{va}\cdot W_1\cdot\left(3\cdot B_s^2 - W_1^2\right)}{24\cdot B_s}$$

$$= \frac{2\times\left(65.5+5.84+\dfrac{130}{6.55}\right)\times 6.55^3 + 4.50\times 6.20\times\left(3\times 6.55^2 - 6.20^2\right)}{24\times 6.55}$$

$$= 347 \text{ kN}\cdot\text{m}$$

$$C_{DA} = C_{AD} = \frac{p_{v2}\cdot B_s^2}{12} = \frac{146\times 6.55^2}{12} = 522 \text{ kN}\cdot\text{m}$$

(2) 荷重ケース2の荷重項

$$C_{AB} = C_{DC} = \frac{H_s^2}{60}\left\{2\cdot(p_{hd1}+p_{ha}+p_{hl2})+3\cdot(p_{hd2}+p_{ha2}+p_{hl2})\right\}$$

$$= \frac{5.075^2}{60}\times\left\{2\times(36.0+2.92+11.0)+3\times(95.3+2.92+11.0)\right\}$$

$$= 184 \text{ kN}\cdot\text{m}$$

$$C_{BA} = C_{CD} = \frac{H_s^2}{60}\left\{3\cdot(p_{h1}+p_{ha2}+p_{hl2})+2\cdot(p_{h2}+p_{ha2}+p_{hl2})\right\}$$

$$= \frac{5.075^2}{60}\times\left\{3\times(36.0+2.92+11.0)+2\times(95.3+2.92+11.0)\right\}$$

$$= 158 \text{ kN}\cdot\text{m}$$

$$C_{BC} = C_{CB} = \frac{p_{v1}\cdot B_s^2}{12} = \frac{91.2\times 6.55^2}{12} = 326 \text{ kN}\cdot\text{m}$$

$$C_{DA} = C_{AD} = \frac{p_{v2}\cdot B_s^2}{12} = \frac{115\times 6.55^2}{12} = 411 \text{ kN}\cdot\text{m}$$

2.4.1.3 ラーメン解析
(1) 基本計算

ラーメン解析における剛比は図3-18を参照し、式(3-9)を用いて計算する。

$$K_1 = 1.0$$

$$K_2 = \frac{H_s\cdot t_1^3}{B_s\cdot t_3^3} = \frac{5.075\times 0.55^3}{6.55\times 0.55^3} = 0.775$$

$$K_3 = \frac{H_s\cdot t_2^3}{B_s\cdot t_3^3} = \frac{5.075\times 0.60^3}{6.55\times 0.55^3} = 1.01$$

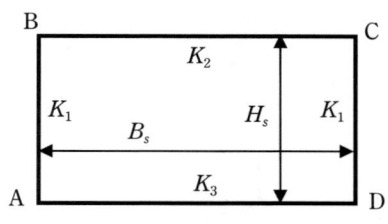

図 3-18 ラーメン解析における剛比

(2) 節点曲げモーメント

(a) 荷重ケース1の節点曲げモーメント

節点方程式は式(3-12)を用い、次式で示される。

$$\begin{bmatrix} 2+K_3 & 1 \\ 1 & 2+K_2 \end{bmatrix} \begin{bmatrix} \theta_A \\ \theta_B \end{bmatrix} = \begin{bmatrix} C_{AB}-C_{AD} \\ C_{BC}-C_{BA} \end{bmatrix}$$

$$\begin{bmatrix} 2+1.01 & 1 \\ 1 & 2+0.775 \end{bmatrix} \begin{bmatrix} \theta_A \\ \theta_B \end{bmatrix} = \begin{bmatrix} 193-522=-329 \\ 347-167=180 \end{bmatrix}$$

式(3-13)および式(3-14)を用いて未知量 θ_A および θ_B を求める。

$$\theta_A = \frac{(2+K_2)\times(C_{AB}-C_{AD})-(C_{BC}-C_{BA})}{(2+K_3)\times(2+K_2)-1} = \frac{2.775\times(-329)-180}{3.01\times 2.775 -1} = -149\,\text{kN}\cdot\text{m}$$

$$\theta_B = \frac{(2+K_3)\times(C_{BC}-C_{BA})-(C_{AB}-C_{AD})}{(2+K_3)\times(2+K_2)-1} = \frac{3.01\times 180-(-329)}{3.01\times 2.775-1} = 118\,\text{kN}\cdot\text{m}$$

節点曲げモーメントは式(3-8)を適用し以下のとおり計算できる。

$$M_{AB} = -M_{DC} = 2\theta_A + \theta_B - C_{AB}$$
$$= 2\times(-149)+118-193 = -372\,\text{kN}\cdot\text{m}$$
$$M_{BA} = -M_{CD} = 2\theta_B + \theta_A + C_{BA}$$
$$= 2\times 118+(-149)+167 = 255\,\text{kN}\cdot\text{m}$$
$$M_{BC} = -M_{CB} = K_2\cdot\theta_B - C_{BC}$$
$$= 0.775\times 118 - 347 = -255\,\text{kN}\cdot\text{m}$$
$$M_{AD} = -M_{DA} = K_3\cdot\theta_A + C_{AD}$$
$$= 1.01\times(-149)+522 = 372\,\text{kN}\cdot\text{m}$$

検算

$$\Sigma M_A = M_{AB}+M_{AD} = -372+372 = 0 \quad \therefore \text{OK}$$
$$\Sigma M_B = M_{BA}+M_{BC} = 255+(-255) = 0 \quad \therefore \text{OK}$$

(b) 荷重ケース2の節点曲げモーメント

$$\begin{bmatrix} 2+1.01 & 1 \\ 1 & 2+0.775 \end{bmatrix} \begin{bmatrix} \theta_A \\ \theta_B \end{bmatrix} = \begin{bmatrix} 184-411=-227 \\ 326-158=168 \end{bmatrix}$$

上式を解いて未知量 θ_A および θ_B を求める。

$$\theta_A = \frac{2.775 \times (-227) - 168}{3.01 \times 2.775 - 1} = -109 \text{ kN} \cdot \text{m}$$

$$\theta_B = \frac{3.01 \times 168 - (-227)}{3.01 \times 2.775 - 1} = 99.7 \text{ kN} \cdot \text{m}$$

節点曲げモーメントの計算

$$M_{AB} = -M_{DC} = 2\theta_A + \theta_B - C_{AB}$$
$$= 2 \times (-109) + 99.7 - 184 = -301 \text{ kN} \cdot \text{m}$$

$$M_{BA} = -M_{CD} = 2\theta_B + \theta_A + C_{BA}$$
$$= 2 \times 99.7 + (-109) + 158 = 249 \text{ kN} \cdot \text{m}$$

$$M_{BC} = -M_{CB} = K_2 \cdot \theta_B - C_{BC}$$
$$= 0.775 \times 99.7 - 326 = -249 \text{ kN} \cdot \text{m}$$

$$M_{AD} = -M_{DA} = K_3 \cdot \theta_A + C_{AD}$$
$$= 1.01 \times (-109) + 411 = 301 \text{ kN} \cdot \text{m}$$

検算

$$\Sigma M_A = M_{AB} + M_{AD} = -301 + 301 = 0 \qquad \therefore \text{OK}$$
$$\Sigma M_B = M_{BA} + M_{BC} = 249 + (-249) = 0 \qquad \therefore \text{OK}$$

2.4.2　部材の設計断面力の計算
2.4.2.1　荷重ケース1の部材の設計断面力
(1)　側壁（A～B）

(a)　設計荷重

設計荷重は以下によって求められる。

$$w_1 = p_{hd2} + p_{ha} + p_{hl1} = 95.3 + 2.92 + 15.2 = 113 \text{ kN/m}^2$$
$$w_2 = p_{hd1} + p_{ha} + p_{hl1} = 36.0 + 2.92 + 15.2 = 54.1 \text{ kN/m}^2$$

(b)　せん断力

節点せん断力は式(3-15)、式(3-16)を用い、次のとおり計算できる。

$$S_{AB} = \frac{2w_{1d} + w_{2d}}{6} \cdot l - \frac{M_{AB} + M_{BA}}{l}$$
$$= \frac{2 \times 113 + 54.1}{6} \times 5.075 - \frac{-372 + 255}{5.075} = 260 \text{ kN}$$

$$S_{BA} = -\frac{w_{1d} + 2w_{2d}}{6} \cdot l - \frac{M_{AB} + M_{BA}}{l}$$
$$= -\frac{113 + 2 \times 54.1}{6} \times 5.075 - \frac{-344 + 235}{5.075} = -164 \text{ kN}$$

A点からxの位置におけるせん断力S_xは次式で表される。

$$S_x = S_{AB} - w_1 \cdot x - \frac{w_2 - w_1}{2l} \cdot x^2 = 260 - 113x - \frac{54.1 - 113}{2 \times 5.075} \cdot x^2 = 260 - 113x + 5.80x^2$$

(c)　曲げモーメント

A点およびB点における節点曲げモーメントは次のとおりである。

$$M_A = M_{AB} = -372 \text{ kN} \cdot \text{m}$$
$$M_B = -M_{BA} = -255 \text{ kN} \cdot \text{m}$$

A点からxの位置における曲げモーメントM_xは次式で表される。

$$M_x = S_{AB} \cdot x - \frac{w_1}{2} \cdot x^2 - \frac{w_2 - w_1}{6l} \cdot x^3 + M_{AB}$$
$$= 260x - \frac{113}{2} \cdot x^2 - \frac{54.1 - 113}{6 \times 5.075} \cdot x^3 - 372 = 260x - 56.5x^2 + 1.93x^3 - 372$$

最大曲げモーメント M_{max} の位置は $dM_x/x = 0$ の位置において生じることから、以下の計算により x を求めることができる。

$$\frac{dM_x}{dx} = \frac{d}{dx}(260x - 56.5x^2 + 1.93x^3 - 372) = 0$$
$$5.79x^2 - 112x + 260 = 0$$

この式を解くと
$$\therefore x = 2.70 \text{ m}$$

したがって、最大曲げモーメントは次のとおりである。
$$M_{max} = 260 \times 2.70 - 56.5 \times 2.70^2 - 1.93 \times 2.70^3 - 372 = -43.9 \text{ kN} \cdot \text{m}$$

（2） 頂版（B～C）

(a) 設計荷重

$$w_1 = p_{vd1} + p_{va} + \frac{D_1}{B_s} = 65.5 + 5.84 + \frac{130}{6.55} = 91.2 \text{ kN/m}^2$$
$$w_2 = p_{vl1} = 30.3 \text{ kN/m}^2$$

(b) 設計せん断力

節点せん断力
$$S_{BC} = -S_{CB} = \frac{w_1 + w_2}{2} \cdot l - \frac{M_{BC} + M_{CB}}{l}$$
$$= \frac{91.2 + 30.3}{2} \times 6.55 - \frac{-255 + 255}{6.55} = 398 \text{ kN}$$

B 点から x の位置におけるせん断力
$$S_x = S_{BC} - (w_1 + w_2) \cdot x = 398 - (91.2 + 30.3) \times x = 398 - 122x$$

(c) 設計曲げモーメント

節点曲げモーメント
$$M_B = M_{BC} = -255 \text{ kN} \cdot \text{m}$$
$$M_C = -M_{CB} = 255 \text{ kN} \cdot \text{m}$$

B 点から x の位置における曲げモーメント
$$M_x = S_{BC} \cdot x - \frac{w_1 + w_2}{2} \cdot x^2 + M_B$$
$$= 398x - \frac{91.2 + 30.3}{2} \cdot x^2 - 255 = 398x - 60.8x^2 - 255$$

最大曲げモーメント M_{max} の位置は、スパン中央であるから、$x = l/2 = 6.55/2 = 3.275$ m として求められる。

$$M_{max} = 398 \times 3.275 - 60.8 \times 3.275^2 - 255 = 397 \text{ kN} \cdot \text{m}$$

(3) 底版（D～A）

(a) 設計荷重
$$w = p_{v2} = 146 \text{ kN/m}^2$$

(b) 設計せん断力

節点せん断力
$$S_{DA} = -S_{AD} = \frac{w \cdot l}{2} - \frac{M_{DA} + M_{AD}}{l} = \frac{146 \times 6.55}{2} - \frac{-372 + 372}{6.55} = 478 \text{ kN}$$

D 点から x の位置におけるせん断力
$$S_x = S_{DA} - w \cdot x = 478 - 146x$$

(c) 設計曲げモーメント

節点曲げモーメント
$$M_D = M_{DA} = -372 \text{ kN·m}$$
$$M_A = -M_{AD} = 372 \text{ kN·m}$$

D 点から x の位置における曲げモーメント
$$M_x = S_{DA} \cdot x - \frac{w}{2} \cdot x^2 + M_{DA}$$
$$= 478x - \frac{146}{2} \cdot x^2 - 372 = 478x - 73.0x^2 - 372$$

最大曲げモーメント $M_{\max}$ の位置は、スパン中央で $x = l/2 = 6.55/2 = 3.275$ m であるから、$M_{\max}$ は次のとおりとなる。
$$M_{\max} = 478 \times 3.275 - 73.0 \times 3.275^2 - 372 = 410 \text{ kN·m}$$

（4） 荷重ケース 1 の設計断面力のまとめ

荷重ケース 1 の設計断面力のまとめを**表** 3-6 に示す。

表 3-6　荷重ケース 1 の設計断面力のまとめ

	位置	M_d (kN·m)	S_d (kN)	N'_d (kN)	e (m)
側壁	A	−372	260	478	0.778
	中間	−43.9		435*	0.101
	B	−255	−164	398	0.641
頂版	B	−255	398	164	1.555
	中央	397		164	2.421
	C	−255	−398	164	1.555
底版	D	−372	478	260	1.441
	中央	410		260	1.577
	A	−372	−478	260	1.431

* $478 - (478 - 398) \times 2.70/5.075 = 435$
$e = M_d / N'_d$

荷重ケース 1 の設計断面力を図 3-19 に示す。

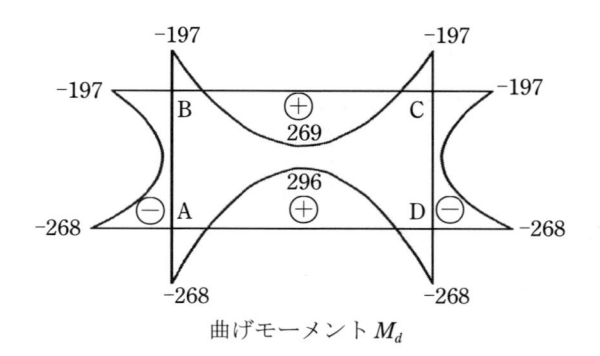

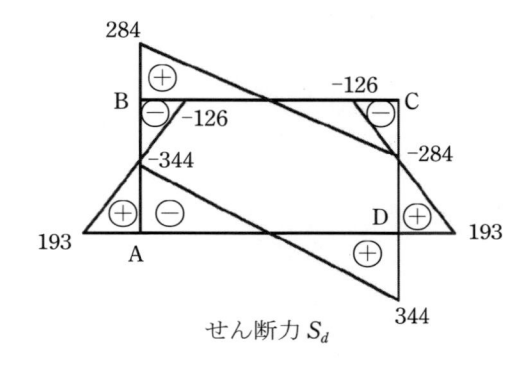

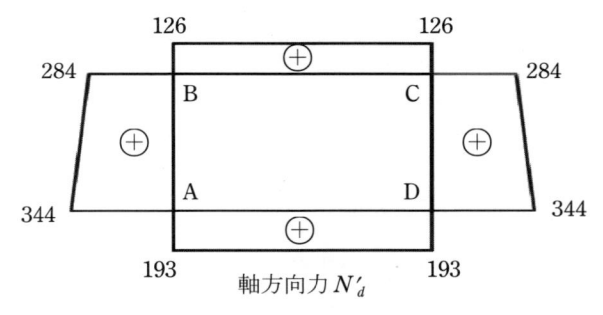

図 3-19　荷重ケース 1 の設計断面力図

2.4.2.2　荷重ケース 2 の部材の設計断面力

(1)　側壁（A〜B）

(a)　設計荷重

$$w_1 = p_{hd2} + p_{ha2} + p_{hl2} = 95.3 + 2.92 + 11.0 = 109 \text{ kN/m}^2$$

$$w_2 = p_{hd1} + p_{ha2} + p_{hl2} = 36.0 + 2.92 + 11.0 = 49.9 \text{ kN/m}^2$$

(b)　設計せん断力

　　節点せん断力

$$S_{AB} = \frac{2w_1 + w_2}{6} \cdot l - \frac{M_{AB} + M_{BA}}{l}$$

$$= \frac{2 \times 109 + 49.9}{6} \times 5.075 - \frac{-301 + 249}{5.075} = 237 \text{ kN}$$

$$S_{BA} = -\frac{w_1 + 2w_2}{6} \cdot l - \frac{M_{AB} + M_{BA}}{l}$$

$$= -\frac{109 + 2 \times 49.9}{6} \times 5.075 - \frac{-301 + 249}{5.075} = -166 \text{ kN}$$

A 点から x の位置におけるせん断力

$$S_x = S_{AB} - w_1 \cdot x - \frac{w_2 - w_1}{2l} \cdot x^2$$

$$= 237 - 109x - \frac{49.9 - 109}{2 \times 5.075} \cdot x^2 = 237 - 109x + 5.82x^2$$

(c) 設計曲げモーメント

節点曲げモーメント

$$M_A = M_{AB} = -301 \text{ kN} \cdot \text{m}$$
$$M_B = -M_{BA} = -249 \text{ kN} \cdot \text{m}$$

A 点から x の位置における曲げモーメント

$$M_x = S_{AB} \cdot x - \frac{w_1}{2} \cdot x^2 - \frac{w_2 - w_1}{6l} \cdot x^3 + M_{AB}$$

$$= 237x - \frac{109}{2}x^2 - \frac{49.9 - 109}{6 \times 5.075}x^3 + (-301) = 237x - 54.5x^2 + 1.94x^3 - 301$$

最大曲げモーメント $M_{\max}$ の位置は、$dM_x/x = 0$ の位置において計算できる。

$$\frac{dM_x}{dx} = \frac{d}{dx}(237x - 54.5x^2 + 1.94x^3 - 301) = 0$$

$$5.82x^2 - 109x + 237 = 0$$

2 次式を解くと

$$\therefore x = 2.51 \text{ m}$$

したがって、最大曲げモーメントは次のとおりとなる。

$$M_{\max} = 237 \times 2.51 - 54.5 \times 2.51^2 + 1.94 \times 2.51^3 - 301 = -18.8 \text{ kN} \cdot \text{m}$$

(2) 頂版 (B〜C)

(a) 設計荷重

$$w = p_{vd2} + p_{va2} + \frac{D_1}{B_s} = 65.5 + 5.84 + \frac{130}{6.55} = 91.2 \text{ kN/m}^2$$

(b) 設計せん断力

節点せん断力

$$S_{BC} = -S_{CB} = \frac{w \cdot l}{2} - \frac{M_{BC} + M_{CB}}{l} = \frac{91.2 \times 6.55}{2} - \frac{-249 + 249}{6.55} = 299 \text{ kN}$$

B 点から x の位置におけるせん断力

$$S_x = S_{BC} - w \cdot x = 299 - 91.2x$$

(c) 設計曲げモーメント

節点曲げモーメント
$$M_B = M_{BC} = -249 \text{ kN·m}$$
$$M_C = -M_{CB} = 249 \text{ kN·m}$$

最大曲げモーメントの位置はスパン中央で $x=l/2=3.275$ m であるから次によって計算できる。

$$M_{max} = S_{BC} \cdot \frac{l}{2} - \frac{w}{2} \cdot \left(\frac{l}{2}\right)^2 + M_{BC}$$
$$= 299 \times 3.275 - \frac{91.2}{2} \times 3.275^2 + (-249) = 241 \text{ kN·m}$$

（3） 底版（D～A）

(a) 設計荷重
$$w = p_{v2} = 115 \text{ kN/m}^2$$

(b) 設計せん断力

節点せん断力
$$S_{DA} = -S_{AD} = \frac{w \cdot l}{2} - \frac{M_{DA} + M_{AD}}{l} = \frac{115 \times 6.55}{2} - \frac{-301 + 301}{6.55} = 377 \text{ kN}$$

D 点から x の位置におけるせん断力
$$S_x = S_{DA} - w \cdot x = 377 - 115x$$

(c) 設計曲げモーメント

節点曲げモーメント
$$M_D = M_{DA} = -301 \text{ kN·m}$$
$$M_A = -M_{AD} = 301 \text{ kN·m}$$

M_{max} の位置は、スパン中央であるから、$x=l/2=6.55/2=3.275$ m

$$M_{max} = S_{DA} \cdot \frac{l}{2} - \frac{w}{2} \cdot \left(\frac{l}{2}\right)^2 + M_{DA}$$
$$= 377 \times 3.275 - \frac{115}{2} \times 3.275^2 - 301 = 317 \text{ kN·m}$$

（4） 荷重ケース 2 の設計断面力のまとめ

荷重ケース 2 の設計断面力のまとめを**表** 3-7 に示す。

表 3-7 荷重ケース 2 の設計断面力のまとめ

	位置	M_d (kN·m)	S_d (kN)	N'_d (kN)	e (m)
側壁	A	−301	237	377	0.798
	中間	−18.8		338*	0.056
	B	−249	−166	299	0.833
頂版	B	−249	299	166	1.500
	中央	241		166	1.452
	C	−249	−299	166	1.500
底版	D	−301	377	237	1.270
	中央	317		237	1.338
	A	−301	−377	237	1.270

* $377−(377−299)×2.51/5.075=338$
$e=M_d/N'_d$

荷重ケース 1 の設計断面力を図 3-20 に示す。

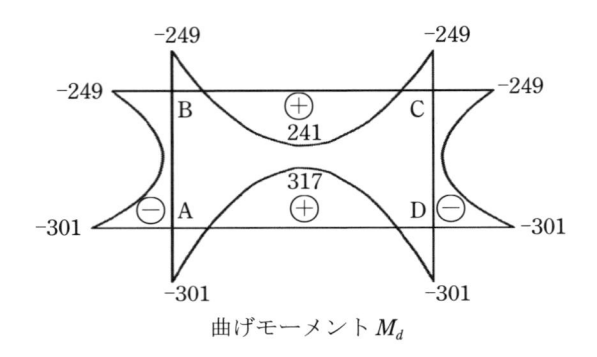

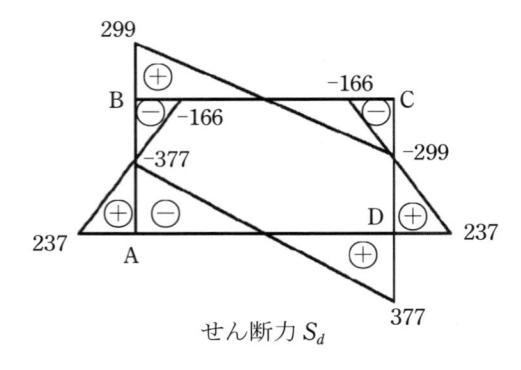

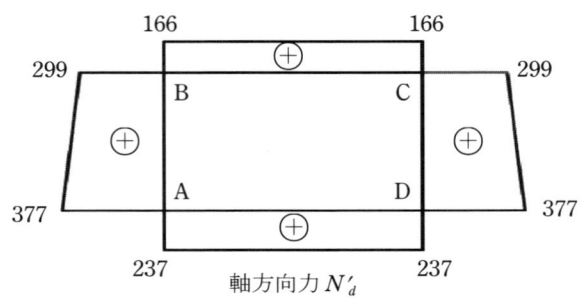

図 3-20 荷重ケース 2 の設計断面力図

2.4.2.3 設計断面力の比較

荷重ケース 1 および荷重ケース 2 の設計断面力を比較すると次の結果を得る。

∴ 荷重ケース 1 ＞ 荷重ケース 2

よって、荷重ケース 1 の設計断面力を用いて以後の設計を行う。

2.4.3 断面寸法および主鉄筋の配置

各部材における断面寸法および配置する主鉄筋は以下のとおりである。すべて単鉄筋長方形断面とする。ここでは、部材断面の幅 b（単位幅）、部材高さ h、有効高さ d、鉄筋断面積 A_s で表す。配置図を図 3-21 に示す。

側壁
$$b=1000 \text{ mm}、h=550 \text{ mm}、d=450 \text{ mm}、A_s=8\text{-D25}=4054 \text{ mm}^2 \text{（外側配筋）}$$

頂版

　端部
$$b=1000 \text{ mm}、h=550 \text{ mm}、d=450 \text{ mm}、A_s=8\text{-D25}=4054 \text{ mm}^2 \text{（上側配筋）}$$
　中央部
$$b=1000 \text{ mm}、h=550 \text{ mm}、d=450 \text{ mm}、A_s=8\text{-D29}=5139 \text{ mm}^2 \text{（下側配筋）}$$

底版

　端部
$$b=1000 \text{ mm}、h=600 \text{ mm}、d=490 \text{ mm}、A_s=8\text{-D25}=4054 \text{ mm}^2 \text{（下側配筋）}$$
　中央部
$$b=1000 \text{ mm}、h=600 \text{ mm}、d=490 \text{ mm}、A_s=8\text{-D29}=5139 \text{ mm}^2 \text{（上側配筋）}$$

図 3-21　主鉄筋の配置

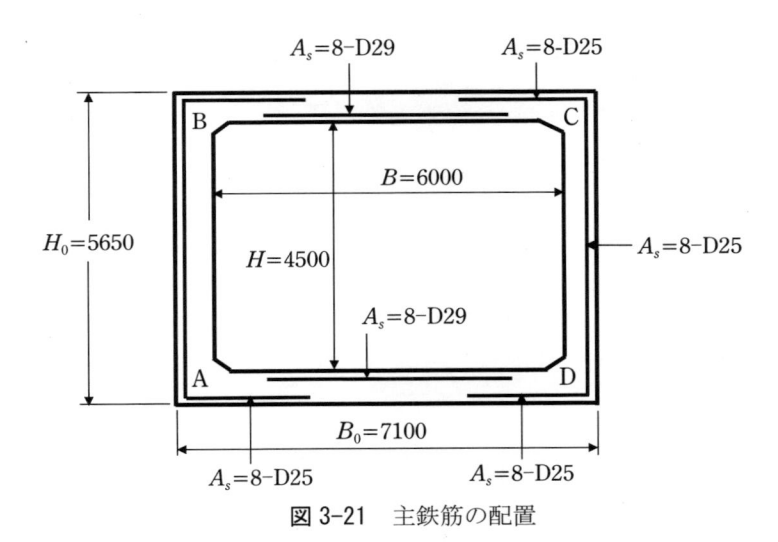

2.4.4 曲げモーメントおよび軸方向力に対する検討

2.4.4.1 材料の設計強度

コンクリートおよび鉄筋の設計強度は式(1-5)および式(1-6)を用いて算定する。

$$f'_{cd} = \frac{f'_{ck}}{\gamma_c} = \frac{24}{1.3} = 18.5 \, \text{N/mm}^2$$

$$f_{yd} = \frac{f_{yk}}{\gamma_s} = \frac{295}{1.0} = 295 \, \text{N/mm}^2$$

$$n = \frac{E_s}{E_c} = \frac{200}{25} = 8.0$$

2.4.4.2 照査断面

曲げモーメントおよび軸方向力に対する照査位置は、部材端部、ハンチ始点、部材中間部において行う。図 3-22 に示す $M_1 \sim M_{11}$ の個所において照査する。

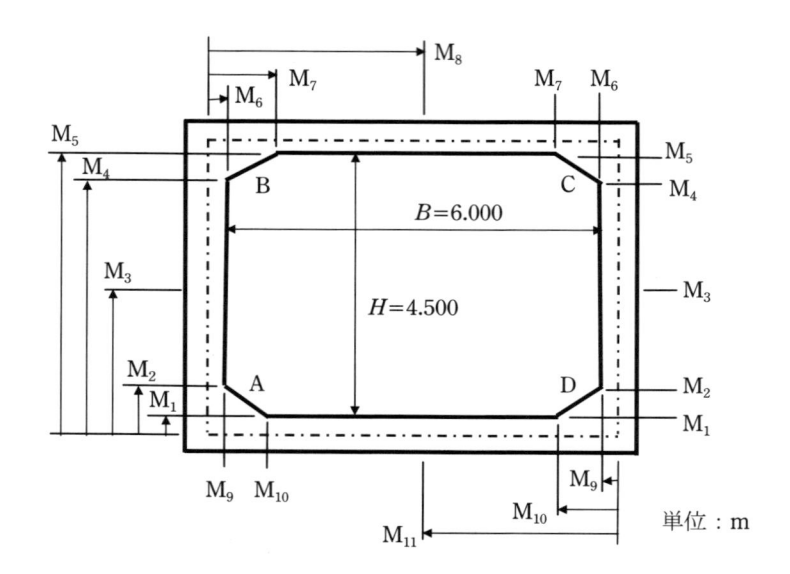

図 3-22 曲げモーメントおよび軸方向力に対する照査位置

2.4.4.3 側壁 $M_1 \sim M_5$ 点に対する安全性照査

(1) 設計断面力および断面諸値

$M_1 : x = 0.300 \, \text{m}$、$M_2 : x = 0.700 \, \text{m}$、$M_3 : x = 2.600 \, \text{m}$、$M_4 : x = 4.400 \, \text{m}$、$M_5 : x = 4.800 \, \text{m}$

A 点から x の位置における設計曲げモーメント M_x および設計軸方向力 N'_x は次式で表される。

$$M_x = S_{AB} \cdot x - \frac{w_1}{2} \cdot x^2 - \frac{w_2 - w_1}{6l} \cdot x^3 + M_{AB} = 260x - 56.5x^2 + 1.93x^3 - 372$$

$$N'_x = N'_A - (N'_A - N'_B) \cdot \frac{x}{H_s} = 478 - (478 - 398) \cdot \frac{x}{5.075} = 478 - 15.8x$$

(2) ハンチ断面における有効高さ d の取り方

ハンチ断面（$c_1 \times c_2 = 400 \times 400$）における有効高さは 1：3 の仮想傾きの高さを用いる。図 3-23 に節点 B から x の位置における有効高さ d の取り方を示す。

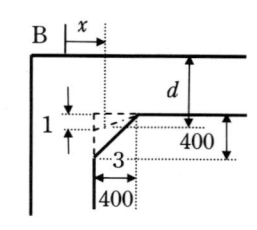

図 3-23 ハンチ断面における有効高さ d の取り方

$M_1 \sim M_5$ 点における M_x、N'_x、M_d、N'_d、e、d の計算結果を**表 3-8** に示す。なお、設計断面力による偏心距離は式(3-13)によって計算する。

表 3-8 $M_1 \sim M_5$ 点における設計断面力と断面諸値

部 材	側 壁				
注目点	M_1	M_2	M_3	M_4	M_5
x (m)	0.300	0.700	2.600	4.400	4.800
M_d (kN·m)	−299	−217	−44.0	−157	−212
N_d (kN)	473	467	437	408	402
e (m)	0.632	0.465	0.101	0.385	0.527
d (mm)	583	450	450	450	583
h (mm)	683	550	550	550	683
A_s	8-D25＝4054 mm²				

(3) M_1 点における安全性照査

M_1 点の断面図を**図 3-24**に示す。

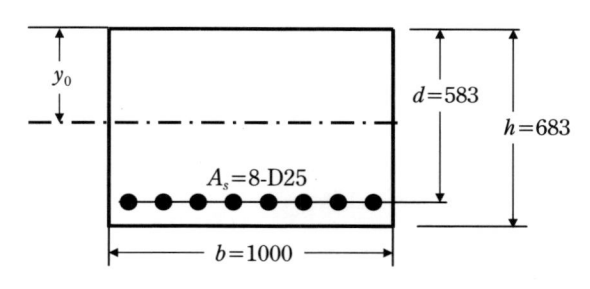

図 3-24 M_1 点の断面図

(a) 断面諸値

図心の位置は式(1-3)を用いて計算する。

$$y_0 = \frac{\dfrac{b \cdot h^2}{2} + n \cdot A_s \cdot d}{b \cdot h + n \cdot A_s} = \frac{\dfrac{1000 \times 683^2}{2} + 8.0 \times (4054 \times 583)}{1000 \times 683 + 8.0 \times 4054} = 352 \text{ mm}$$

鉄筋比は式(1-11)を用いて計算する。

$$p = \frac{A_s}{b \cdot d} = \frac{4054}{1000 \times 583} = 0.00695$$

(b) つり合い破壊状態の断面耐力

式(1-14)～式(1-16)を用いて計算する。単鉄筋長方形断面であるから式中の $A'_s=0$ および $f'_{yd}=0$ とおく。

$$a = \frac{700}{700+f_{yd}} \cdot 0.8d = \frac{700}{700+295} \times 0.8 \times 583 = 328 \text{ mm}$$

$$N'_b = 0.85 f'_{cd} \cdot b \cdot a - A_s \cdot f_{yd}$$
$$= 0.85 \times 18.5 \times 1000 \times 328 - 4054 \times 295 = 3.96 \times 10^6 \text{ N}$$

$$M_b = 0.85 f'_{cd} \cdot b \cdot a \cdot \left(y_0 - \frac{a}{2}\right) - A_s \cdot f_{yd} \cdot (d-y_0)$$
$$= 0.85 \times 18.5 \times 1000 \times 328 \times \left(352 - \frac{328}{2}\right) - 4054 \times 295 \times (583-352)$$
$$= 6.93 \times 10^8 \text{ N}\cdot\text{mm}$$

(c) つり合い破壊状態の偏心距離

式(1-17)を用いて計算する。

$$e_b = \frac{M_b}{N'_b} = \frac{6.93 \times 10^8}{3.96 \times 10^6} = 175 \text{ mm}$$

(d) 設計断面力による偏心距離および破壊形式

$$e = 0.632 \text{ m} > e_b = 0.175 \text{ m} \qquad \therefore 引張破壊$$

(e) 設計断面耐力（引張破壊領域）

式(1-18)～式(1-21)を用いて計算する。

$$e' = e + d - y_0 = 632 + 583 - 352 = 863 \text{ mm}$$

$$a = \left[\left(1-\frac{e'}{d}\right) + \sqrt{\left(1-\frac{e'}{d}\right)^2 + \frac{2f_{yd}}{0.85 f'_{cd}} \cdot \left(p \cdot \frac{e'}{d}\right)}\right] \cdot d$$

$$= \left[\left(1-\frac{863}{583}\right) + \sqrt{\left(1-\frac{863}{583}\right)^2 + \frac{2 \times 295}{0.85 \times 18.5} \times \left(0.00695 \times \frac{863}{583}\right)}\right] \times 583$$

$$= 178 \text{ mm}$$

$$N'_{ud} = \frac{0.85 f'_{cd} \cdot b \cdot a - A_s \cdot f_{yd}}{\gamma_b}$$
$$= \frac{0.85 \times 18.5 \times 1000 \times 178 - 4054 \times 295}{1.1} = 1.46 \times 10^6 \text{ N} = 1460 \text{ kN}$$

$$M_{ud} = \frac{0.85 f'_{cd} \cdot b \cdot a \cdot \left(y_0 - \frac{a}{2}\right) + A_s \cdot f_{yd} \cdot (d-y_0)}{\gamma_b}$$
$$= \frac{0.85 \times 18.5 \times 1000 \times 178 \times \left(352 - \frac{178}{2}\right) + 4054 \times 295 \times (583-352)}{1.1}$$
$$= 9.20 \times 10^8 \text{ N}\cdot\text{mm} = 920 \text{ kN}\cdot\text{m}$$

(f) 安全性照査

式(1-26)、式(1-27)を用いる。

$$\gamma_i \cdot \frac{N'_d}{N'_{ud}} = 1.1 \times \frac{473}{1460} = 0.36 \; < \; 1.0 \qquad \therefore \text{OK}$$

$$\gamma_i \cdot \frac{M_d}{M_{ud}} = 1.1 \times \frac{299}{920} = 0.36 \; < \; 1.0 \qquad \therefore \text{OK}$$

（4） M_2 点における安全性照査

M_2 点の断面図を図 3-25 に示す。

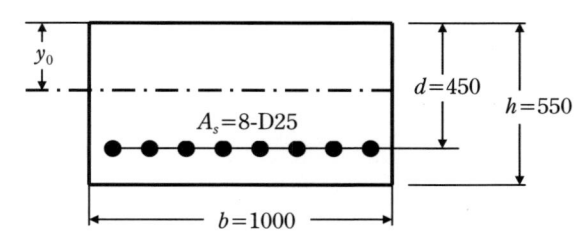

図 3-25　M_2 点の断面図

(a) 断面諸値

$$y_0 = \frac{\frac{b \cdot h^2}{2} + n \cdot A_s \cdot d}{b \cdot h + n \cdot A_s} = \frac{\frac{1000 \times 550^2}{2} + 8.0 \times 4054 \times 450}{1000 \times 550 + 8.0 \times 4054} = 285 \text{ mm}$$

$$p = \frac{A_s}{b \cdot d} = \frac{4054}{1000 \times 450} = 0.00901$$

(b) つり合い破壊状態の断面耐力

$$a = \frac{700}{700 + f_{yd}} \cdot 0.8d = \frac{700}{700 + 295} \times 0.8 \times 450 = 253 \text{ mm}$$

$$N'_b = 0.85 f'_{cd} \cdot b \cdot a - A_s \cdot f_{yd}$$
$$= 0.85 \times 18.5 \times 1000 \times 253 - 4054 \times 295 = 2780000 \text{ N}$$

$$M_b = 0.85 f'_{cd} \cdot b \cdot a \cdot \left(y_0 - \frac{a}{2}\right) - A_s \cdot f_{yd} \cdot (d - y_0)$$
$$= 0.85 \times 18.5 \times 1000 \times 253 \times \left(285 - \frac{253}{2}\right) - 4054 \times 295 \times (450 - 285)$$
$$= 4.33 \times 10^8 \text{ N} \cdot \text{mm}$$

(c) つり合い破壊状態の偏心距離

$$e_b = \frac{M_b}{N'_b} = \frac{4.33 \times 10^8}{2.78 \times 10^6} = 156 \text{ mm}$$

(d) 設計断面力による偏心距離および破壊形式

$$e = 0.465 \text{ m} \; > \; e_b = 0.156 \text{ m} \qquad \therefore \text{引張破壊}$$

(e) 設計断面耐力（引張破壊領域）

$e' = e + d - y_0 = 465 + 450 - 285 = 630$ mm

$$a = \left[\left(1 - \frac{e'}{d}\right) + \sqrt{\left(1 - \frac{e'}{d}\right)^2 + \frac{2f_{yd}}{0.85 f'_{cd}} \cdot \left(p \cdot \frac{e'}{d}\right)}\right] \cdot d$$

$$= \left[\left(1 - \frac{630}{450}\right) + \sqrt{\left(1 - \frac{630}{450}\right)^2 + \frac{2 \times 295}{0.85 \times 18.5} \times \left(0.00901 \times \frac{630}{450}\right)}\right] \times 450$$

$$= 178 \text{ mm}$$

$$N'_{ud} = \frac{0.85 f'_{cd} \cdot b \cdot a - A_s \cdot f_{yd}}{\gamma_b}$$

$$= \frac{0.85 \times 18.5 \times 1000 \times 178 - 4054 \times 295}{1.1} = 1.46 \times 10^6 \text{ N} = 1460 \text{ kN}$$

$$M_{ud} = \frac{0.85 f'_{cd} \cdot b \cdot a \cdot \left(y_0 - \frac{a}{2}\right) + A_s \cdot f_{yd} \cdot (d - y_0)}{\gamma_b}$$

$$= \frac{0.85 \times 18.5 \times 1000 \times 178 \times \left(285 - \frac{178}{2}\right) + 4054 \times 295 \times (450 - 285)}{1.1}$$

$$= 6.78 \times 10^8 \text{ N} \cdot \text{mm} = 678 \text{ kN} \cdot \text{m}$$

(f) 安全性照査

$$\gamma_i \cdot \frac{N'_d}{N'_{ud}} = 1.1 \times \frac{467}{1460} = 0.35 < 1.0 \quad \therefore \text{OK}$$

$$\gamma_i \cdot \frac{M_d}{M_{ud}} = 1.1 \times \frac{217}{678} = 0.35 < 1.0 \quad \therefore \text{OK}$$

（5） M_3 点における安全性照査

(a) 断面諸値

M_2 断面と同一断面である。

　　$y_0 = 285$ mm,　$p = 0.00901$,　$e_b = 156$ mm

(b) 設計断面力による偏心距離および破壊形式

　　$e = 0.101$ m　＜　$e_b = 0.156$ m　　$\therefore$ 圧縮破壊

(c) 等価応力ブロック高さ

圧縮破壊領域の等価応力ブロック高さを求める式(1-22)を用いる。

$e' = e + d - y_0 = 101 + 450 - 285 = 266$ mm

$$a^3 - 2 \cdot (d - e') \cdot a^2 + \frac{2d}{0.85 f'_{cd}} \{700 p \cdot e' - p' \cdot f'_{yd} \cdot (d - d' - e')\} a$$
$$- \frac{1120}{0.85 f'_{cd}} \cdot p \cdot e' \cdot d^2 = 0$$

$$a^3 - 2 \times (450 - 266) \times a^2 + \frac{2 \times 450}{0.85 \times 18.5} \cdot \{700 \times 0.00901 \times 266\} a$$
$$- \frac{1120}{0.85 \times 18.5} \times 0.00901 \times 266 \times 450^2 = 0$$

$$a^3 - 368 \cdot a^2 + 9.60 \times 10^4 \cdot a - 3.46 \times 10^7 = 0$$

この式を解くと、　　$\therefore$　$a = 365$ mm

(d) 鉄筋応力度

式(1-23)を用いる。

$$\sigma_s = 700 \cdot \left(0.8 \cdot \frac{d}{a} - 1\right) = 700 \times \left(0.8 \times \frac{450}{365} - 1\right) = -9.6 \, \text{N/mm}^2$$

(e) 設計断面耐力（圧縮破壊領域）

式(1-24)および式(1-25)を用いる。

$$N'_{ud} = \frac{0.85 f'_{cd} \cdot b \cdot a - A_s \sigma_s}{\gamma_b}$$

$$= \frac{0.85 \times 18.5 \times 1000 \times 365 - 4054 \times (-9.6)}{1.1} = 5.25 \times 10^6 \, \text{N} = 5250 \, \text{kN}$$

$$M_{ud} = \frac{0.85 f'_{cd} \cdot b \cdot a \cdot \left(y_0 - \frac{a}{2}\right) + A_s \cdot \sigma_s \cdot (d - y_0)}{\gamma_b}$$

$$= \frac{0.85 \times 18.5 \times 1000 \times 365 \times \left(285 - \frac{365}{2}\right) + 4054 \times (-9.6) \times (450 - 285)}{1.1}$$

$$= 5.29 \times 10^8 \, \text{N} \cdot \text{mm} = 529 \, \text{kN} \cdot \text{m}$$

(f) 安全性照査

$$\gamma_i \cdot \frac{N'_d}{N'_{ud}} = 1.1 \times \frac{437}{5250} = 0.09 < 1.0 \qquad \therefore \text{OK}$$

$$\gamma_i \cdot \frac{M_d}{M_{ud}} = 1.1 \times \frac{44.0}{529} = 0.09 < 1.0 \qquad \therefore \text{OK}$$

（6） M_4 点における安全性照査

(a) 断面諸値

M_2 断面と同一である。

$$y_0 = 285 \, \text{mm}, \quad p = 0.00901, \quad e_b = 156 \, \text{mm}$$

(b) 設計断面力による偏心距離および破壊形式

$$e = 0.385 \, \text{m} > e_b = 0.156 \, \text{m} \qquad \therefore \text{引張破壊}$$

(c) 設計断面耐力（引張破壊領域）

$$e' = e + d - y_0 = 385 + 450 - 285 = 550 \, \text{mm}$$

$$a = \left[\left(1 - \frac{e'}{d}\right) + \sqrt{\left(1 - \frac{e'}{d}\right)^2 + \frac{2 f_{yd}}{0.85 f'_{cd}} \cdot \left(p \cdot \frac{e'}{d}\right)}\right] \cdot d$$

$$= \left[\left(1 - \frac{550}{450}\right) + \sqrt{\left(1 - \frac{550}{450}\right)^2 + \frac{2 \times 295}{0.85 \times 18.5} \times \left(0.00901 \times \frac{550}{450}\right)}\right] \times 450$$

$$= 206 \, \text{mm}$$

$$N'_{ud} = \frac{0.85 f'_{cd} \cdot b \cdot a - A_s \cdot f_{yd}}{\gamma_b}$$

$$= \frac{0.85 \times 18.5 \times 1000 \times 206 - 4054 \times 295}{1.1} = 1.86 \times 10^6 \, \text{N} = 1860 \, \text{kN}$$

$$M_{ud} = \frac{0.85 f'_{cd} \cdot b \cdot a \cdot \left(y_0 - \dfrac{a}{2}\right) + A_s \cdot f_{yd} \cdot (d - y_0)}{\gamma_b}$$

$$= \frac{0.85 \times 18.5 \times 1000 \times 206 \times \left(285 - \dfrac{206}{2}\right) + 4054 \times 295 \times (450 - 285)}{1.1}$$

$$= 7.15 \times 10^8 \text{ N·mm} = 715 \text{ kN·m}$$

(d) 安全性照査

$$\gamma_i \cdot \frac{N'_d}{N'_{ud}} = 1.1 \times \frac{408}{1860} = 0.24 \; < \; 1.0 \qquad \therefore \text{OK}$$

$$\gamma_i \cdot \frac{M_d}{M_{ud}} = 1.1 \times \frac{157}{715} = 0.24 \; < \; 1.0 \qquad \therefore \text{OK}$$

（7） M_5 点における安全性照査

(a) 断面諸値

M_1 断面と同一である。

$$y_0 = 352 \text{ mm}, \quad p = 0.00695, \quad e_b = 175 \text{ mm}$$

(b) 設計断面力による偏心距離および破壊形式

$$e = 0.527 \text{ m} \; > \; e_b = 0.175 \text{ m} \qquad \therefore \text{引張破壊}$$

(c) 設計断面耐力（引張破壊領域）

$$e' = e + d - y_0 = 527 + 583 - 352 = 758 \text{ mm}$$

$$a = \left[\left(1 - \frac{e'}{d}\right) + \sqrt{\left(1 - \frac{e'}{d}\right)^2 + \frac{2 f_{yd}}{0.85 f'_{cd}} \cdot \left(p \cdot \frac{e'}{d}\right)}\right] \cdot d$$

$$= \left[\left(1 - \frac{758}{583}\right) + \sqrt{\left(1 - \frac{758}{583}\right)^2 + \frac{2 \times 295}{0.85 \times 18.5} \times \left(0.00695 \times \frac{758}{583}\right)}\right] \times 583$$

$$= 207 \text{ mm}$$

$$N'_{ud} = \frac{0.85 f'_{cd} \cdot b \cdot a - A_s \cdot f_{yd}}{\gamma_b}$$

$$= \frac{0.85 \times 18.5 \times 1000 \times 207 - 4054 \times 295}{1.1} = 1.87 \times 10^6 \text{ N} = 1870 \text{ kN}$$

$$M_{ud} = \frac{0.85 f'_{cd} \cdot b \cdot a \cdot \left(y_0 - \dfrac{a}{2}\right) + A_s \cdot f_{yd} \cdot (d - y_0)}{\gamma_b}$$

$$= \frac{0.85 \times 18.5 \times 1000 \times 207 \times \left(352 - \dfrac{207}{2}\right) + 4054 \times 295 \times (583 - 352)}{1.1}$$

$$= 9.86 \times 10^8 \text{ N·mm} = 961 \text{ kN·m}$$

(d) 安全性照査

$$\gamma_i \cdot \frac{N'_d}{N'_{ud}} = 1.1 \times \frac{402}{1870} = 0.24 \; < \; 1.0 \qquad \therefore \text{OK}$$

$$\gamma_i \cdot \frac{M_d}{M_{ud}} = 1.1 \times \frac{212}{986} = 0.24 \; < \; 1.0 \qquad \therefore \text{OK}$$

2.4.4.4 頂版 M_6～M_8 点に対する安全性照査

(1) 設計断面力および断面諸値

$M_6 : x = 0.275$ m、$M_7 : x = 0.675$ m、$M_8 : x = 3.275$ m

B 点から x の位置における曲げモーメントは次式で計算できる。

$$M_x = S_{BC} \cdot x - \frac{w_1 + w_2}{2} \cdot x^2 + M_B = 398x - 60.8x^2 - 255$$

$N'_d = 164$ kN

M_6～M_8 点における設計断面力と断面諸値を**表 3-9** に示す。

表 3-9 M_6～M_8 点における設計断面力と断面諸値

部　材	頂　版		
注目点	M_6	M_7	M_8
x (m)	0.275	0.675	3.275
M_d (kN·m)	-150	-14.1	396
N'_d (kN)	164	164	164
e (m)	0.915	0.085	2.415
d (mm)	583	450	450
h (mm)	683	550	550
A_s	8-D25＝4054 mm²		8-D29＝5139 mm²

(2) M_6 点における安全性照査

(a) 断面諸値 M_1 断面と同一である。

$y_0 = 352$ mm, $p = 0.00695$, $e_b = 175$ mm

(b) 設計断面力による偏心距離および破壊形式

$e = 0.915$ m ＞ $e_b = 0.156$ m ∴引張破壊

(c) 設計断面耐力（引張破壊領域）

$e' = e + d - y_0 = 915 + 583 - 352 = 1146$ mm

$$a = \left[\left(1 - \frac{e'}{d}\right) + \sqrt{\left(1 - \frac{e'}{d}\right)^2 + \frac{2f_{yd}}{0.85f'_{cd}} \cdot \left(p \cdot \frac{e'}{d}\right)}\right] \cdot d$$

$$= \left[\left(1 - \frac{1146}{583}\right) + \sqrt{\left(1 - \frac{1146}{583}\right)^2 + \frac{2 \times 295}{0.85 \times 18.5} \times \left(0.00695 \times \frac{1146}{583}\right)}\right] \times 583$$

$= 138$ mm

$$N'_{ud} = \frac{0.85 f'_{cd} \cdot b \cdot a - A_s \cdot f_{yd}}{\gamma_b}$$

$$= \frac{0.85 \times 18.5 \times 1000 \times 138 - 4054 \times 295}{1.1} = 8.86 \times 10^5 \text{ N} = 886 \text{ kN}$$

$$M_{ud} = \frac{0.85 f'_{cd} \cdot b \cdot a \cdot \left(y_0 - \frac{a}{2}\right) + A_s \cdot f_{yd} \cdot (d - y_0)}{\gamma_b}$$

$$= \frac{0.85 \times 18.5 \times 1000 \times 138 \times \left(352 - \frac{138}{2}\right) + 4054 \times 295 \times (583 - 352)}{1.1}$$

$= 8.09 \times 10^8$ N·mm $= 809$ kN·m

(d) 安全性照査

$$\gamma_i \cdot \frac{N'_d}{N'_{ud}} = 1.1 \times \frac{164}{886} = 0.20 < 1.0 \quad \therefore \text{OK}$$

$$\gamma_i \cdot \frac{M_d}{M_{ud}} = 1.1 \times \frac{150}{809} = 0.20 < 1.0 \quad \therefore \text{OK}$$

（3） M_7 点における安全性照査

(a) 断面諸値

M_2 断面と同一である。

$$y_0 = 285 \text{ mm}, \quad p = 0.00901, \quad e_b = 156 \text{ mm}$$

(b) 設計断面力による偏心距離および破壊形式

$$e = 0.085 \text{ m} < e_b = 0.156 \text{ m} \quad \therefore \text{圧縮破壊}$$

(c) 設計断面耐力（圧縮破壊領域）

$$e' = e + d - y_0 = 85 + 450 - 285 = 250 \text{ mm}$$

$$a^3 - 2 \cdot (d - e') \cdot a^2 + \frac{2d}{0.85 f'_{cd}} \cdot \{700 p \cdot e' - p' \cdot f'_{yd} \cdot (d - d' - e')\} a$$

$$- \frac{1120}{0.85 f'_{cd}} \cdot p \cdot e' \cdot d^2 = 0$$

$$a^3 - 2 \times (450 - 250) \times a^2 + \frac{2 \times 450}{0.85 \times 18.5} \cdot \{700 \times 0.00901 \times 250\} a$$

$$- \frac{1120}{0.85 \times 18.5} \times 0.00901 \times 250 \times 450^2 = 0$$

$$a^3 - 400 \cdot a^2 + 9.02 \times 10^4 \cdot a - 3.25 \times 10^7 = 0$$

この式を解くと、 $\quad \therefore a = 385 \text{ mm}$

$$N'_{ud} = \frac{0.85 f'_{cd} \cdot b \cdot a - A_s \cdot f_{yd}}{\gamma_b}$$

$$= \frac{0.85 \times 18.5 \times 1000 \times 385 - 4054 \times 295}{1.1} = 4.42 \times 10^6 \text{ N} = 4420 \text{ kN}$$

$$M_{ud} = \frac{0.85 f'_{cd} \cdot b \cdot a \cdot \left(y_0 - \frac{a}{2}\right) + f_{yd} \cdot (d - y_0)}{\gamma_b}$$

$$= \frac{0.85 \times 18.5 \times 1000 \times 385 \times \left(285 - \frac{385}{2}\right) + 4054 \times 295 \times (450 - 285)}{1.1}$$

$$= 6.88 \times 10^8 \text{ N} \cdot \text{mm} = 688 \text{ kN} \cdot \text{m}$$

(d) 安全性照査

$$\gamma_i \cdot \frac{N'_d}{N'_{ud}} = 1.1 \times \frac{164}{4420} = 0.04 < 1.0 \quad \therefore \text{OK}$$

$$\gamma_i \cdot \frac{M_d}{M_{ud}} = 1.1 \times \frac{14.1}{688} = 0.02 < 1.0 \quad \therefore \text{OK}$$

（4） M_8 点における安全性照査

M_8 点の断面図を図 3-26 に示す。

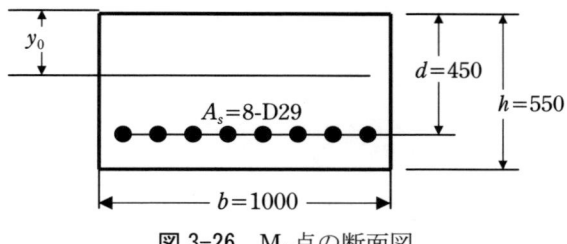

図 3-26 M_8 点の断面図

(a) 断面諸値

$$y_0 = \frac{\frac{b \cdot h^2}{2} + n \cdot A_s \cdot d}{b \cdot h + n \cdot A_s} = \frac{\frac{1000 \times 550^2}{2} + 8.0 \times 5139 \times 450}{1000 \times 550 + 8.0 \times 5139} = 287 \text{ mm}$$

$$p = \frac{A_s}{b \cdot d} = \frac{5139}{1000 \times 450} = 0.0114$$

(b) つり合い破壊状態の断面耐力

$$a = \frac{700}{700 + f_{yd}} \cdot 0.8d = \frac{700}{700 + 295} \times 0.8 \times 450 = 253 \text{ mm}$$

$$N'_b = 0.85 f'_{cd} \cdot b \cdot a - A_s \cdot f_{yd}$$
$$= 0.85 \times 18.5 \times 1000 \times 253 - 5139 \times 295 = 2.46 \times 10^6 \text{ N} = 2460 \text{ kN}$$

$$M_b = 0.85 f'_{cd} \cdot b \cdot a \cdot \left(y_0 - \frac{a}{2}\right) - A_s \cdot f_{yd} \cdot (d - y_0)$$
$$= 0.85 \times 18.5 \times 1000 \times 253 \times \left(287 - \frac{253}{2}\right) - 5139 \times 295 \times (450 - 287)$$
$$= 3.91 \times 10^8 \text{ N} \cdot \text{mm} = 391 \text{ kN} \cdot \text{m}$$

(c) つり合い破壊状態の偏心距離

$$e_b = \frac{M_b}{N'_b} = \frac{391}{2460} = 159 \text{ mm}$$

(d) 設計断面力による偏心距離および破壊形式

$$e = 2.415 \text{ m} > e_b = 0.159 \text{ m} \quad \therefore 引張破壊$$

(e) 設計断面耐力（引張破壊領域）

$$e' = e + d - y_0 = 2415 + 450 - 287 = 2578 \text{ mm}$$

$$a = \left[\left(1 - \frac{e'}{d}\right) + \sqrt{\left(1 - \frac{e'}{d}\right)^2 + \frac{2 f_{yd}}{0.85 f'_{cd}} \cdot \left(p \cdot \frac{e'}{d}\right)}\right] \cdot d$$

$$= \left[\left(1 - \frac{2578}{450}\right) + \sqrt{\left(1 - \frac{2578}{450}\right)^2 + \frac{2 \times 295}{0.85 \times 18.5} \times \left(0.0114 \times \frac{2578}{450}\right)}\right] \times 450$$

$$= 114 \text{ mm}$$

$$N'_{ud} = \frac{0.85 f'_{cd} \cdot b \cdot a - A_s \cdot f_{yd}}{\gamma_b}$$

$$= \frac{0.85 \times 18.5 \times 1000 \times 114 - 5139 \times 295}{1.1} = 2.51 \times 10^5 \text{ N} = 251 \text{ kN}$$

$$M_{ud} = \frac{0.85 f'_{cd} \cdot b \cdot a \cdot \left(y_0 - \frac{a}{2}\right) + f_{yd} \cdot (d - y_0)}{\gamma_b}$$

$$= \frac{0.85 \times 18.5 \times 1000 \times 114 \times \left(287 - \frac{114}{2}\right) + 5139 \times 295 \times (450 - 287)}{1.1}$$

$$= 5.99 \times 10^8 \text{ N} \cdot \text{mm} = 599 \text{ kN} \cdot \text{m}$$

(f) 安全性照査

$$\gamma_i \cdot \frac{N'_d}{N'_{ud}} = 1.1 \times \frac{164}{251} = 0.72 < 1.0 \qquad \therefore \text{OK}$$

$$\gamma_i \cdot \frac{M_d}{M_{ud}} = 1.1 \times \frac{396}{599} = 0.73 < 1.0 \qquad \therefore \text{OK}$$

2.4.4.5　底版 M_9〜M_{11} 点に対する安全性照査
（1）設計断面力および断面諸値

$M_9 : x = 0.275$ m、$M_{10} : x = 0.675$ m、$M_{11} : x = 3.275$ m

D 点から x の位置における曲げモーメントは次式で計算できる。

$$M_x = S_{DA} \cdot x - \frac{w}{2} \cdot x^2 + M_{DA} = 478x - 73.0x^2 - 372$$

$N'_d = 260$ kN

M_9〜M_{11} 点における設計断面力と断面諸値を**表** 3-10 に示す。

表 3-10　M_9〜M_{11} 点における設計断面力と断面諸値

部材	底版		
注目点	M_9	M_{10}	M_{11}
x (m)	0.275	0.675	3.275
M_d (kN·m)	−246	−82.6	410
N'_d (kN)	260	260	260
e (m)	0.946	0.318	1.577
d (mm)	623	490	490
H (mm)	733	600	600
A_s	8-D25＝4054 mm²		8-D29＝5139 mm²

（2） M_9 点における安全性照査

M_9 点の断面図を図 3-27 に示す。

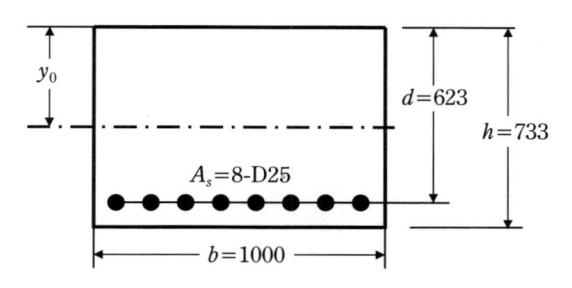

図 3-27　M_9 点の断面図

(a) 断面諸値

$$y_0 = \frac{\dfrac{b \cdot h^2}{2} + n \cdot A_s \cdot d}{b \cdot h + n \cdot A_s} = \frac{\dfrac{1000 \times 733^2}{2} + 8.0 \times 4054 \times 623}{1000 \times 733 + 8.0 \times 4054} = 377 \text{ mm}$$

$$p = \frac{A_s}{b \cdot d} = \frac{4054}{1000 \times 623} = 0.00651$$

(b) つり合い破壊状態の断面耐力

$$a = \frac{700}{700 + f_{yd}} \cdot 0.8d = \frac{700}{700 + 295} \times 0.8 \times 623 = 351 \text{ mm}$$

$$N'_b = 0.85 f'_{cd} \cdot b \cdot a - A_s \cdot f_{yd}$$
$$= 0.85 \times 18.5 \times 1000 \times 351 - 4054 \times 295 = 4.32 \times 10^6 \text{ N} = 4320 \text{ kN}$$

$$M_b = 0.85 f'_{cd} \cdot b \cdot a \cdot \left(y_0 - \frac{a}{2}\right) + A_s \cdot f_{yd} \cdot (d - y_0)$$
$$= 0.85 \times 18.5 \times 1000 \times 351 \times \left(377 - \frac{351}{2}\right) + 4054 \times 295 \times (623 - 377)$$
$$= 1.41 \times 10^9 \text{ N} \cdot \text{mm} = 1410 \text{ kN} \cdot \text{m}$$

(c) つり合い破壊状態の偏心距離

$$e_b = \frac{M_b}{N'_b} = \frac{1410}{4320} = 0.326 \text{ m}$$

(d) 設計断面力による偏心距離および破壊形式

$e = 0.946 \text{ m} > e_b = 0.326 \text{ m}$ 　　∴引張破壊

(e) 設計断面耐力（引張破壊領域）

$e' = e + d - y_0 = 946 + 623 - 377 = 1192 \text{ mm}$

$$a = \left[\left(1 - \frac{e'}{d}\right) + \sqrt{\left(1 - \frac{e'}{d}\right)^2 + \frac{2 f_{yd}}{0.85 f'_{cd}} \cdot \left(p \cdot \frac{e'}{d}\right)}\right] \cdot d$$
$$= \left[\left(1 - \frac{1192}{623}\right) + \sqrt{\left(1 - \frac{1192}{623}\right)^2 + \frac{2 \times 295}{0.85 \times 18.5} \times \left(0.00651 \times \frac{1192}{623}\right)}\right] \times 623$$
$$= 142 \text{ mm}$$

$$N'_{ud} = \frac{0.85 f'_{cd} \cdot b \cdot a - A_s \cdot f_{yd}}{\gamma_b}$$

$$= \frac{0.85 \times 18.5 \times 1000 \times 142 - 4054 \times 295}{1.1}$$

$$= 9.43 \times 10^5 \text{ N} = 943 \text{ kN}$$

$$M_{ud} = \frac{0.85 f'_{cd} \cdot b \cdot a \cdot \left(y_0 - \dfrac{a}{2}\right) + A_s \cdot f_{yd} \cdot (d - y_0)}{\gamma_b}$$

$$= \frac{0.85 \times 18.5 \times 1000 \times 142 \times \left(377 - \dfrac{142}{2}\right) + 4054 \times 295 \times (623 - 377)}{1.1}$$

$$= 8.89 \times 10^8 \text{ N} \cdot \text{mm} = 889 \text{ kN} \cdot \text{m}$$

(f) 安全性照査

$$\gamma_i \cdot \frac{N'_d}{N'_{ud}} = 1.1 \times \frac{260}{943} = 0.30 < 1.0 \qquad \therefore \text{OK}$$

$$\gamma_i \cdot \frac{M_d}{M_{ud}} = 1.1 \times \frac{246}{889} = 0.30 < 1.0 \qquad \therefore \text{OK}$$

（3） M_{10} 点における安全性照査

M_{10} 点の断面図を図 3-28 に示す。

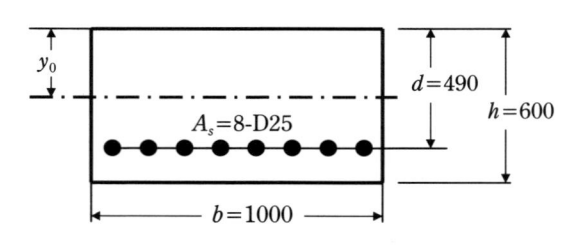

図 3-28 M_{10} 点の断面図

(a) 断面諸値

$$y_0 = \frac{\dfrac{b \cdot h^2}{2} + n \cdot A_s \cdot d}{b \cdot h + n \cdot A_s}$$

$$= \frac{\dfrac{1000 \times 600^2}{2} + 8.0 \times 4054 \times 490}{1000 \times 600 + 8.0 \times 4054} = 310 \text{ mm}$$

$$p = \frac{A_s}{b \cdot d} = \frac{4054}{1000 \times 490} = 0.00827$$

(b) つり合い破壊状態の断面耐力

$$a = \frac{700}{700 + f_{yd}} \cdot 0.8d = \frac{700}{700 + 295} \times 0.8 \times 490 = 276 \text{ mm}$$

$$N'_b = 0.85 f'_{cd} \cdot b \cdot a - A_s \cdot f_{yd}$$
$$= 0.85 \times 18.5 \times 1000 \times 276 - 4054 \times 295 = 3.14 \times 10^6 \text{ N} = 3140 \text{ kN}$$
$$M_b = 0.85 f'_{cd} \cdot b \cdot a \cdot \left(y_0 - \frac{a}{2}\right) + A_s \cdot f_{yd} \cdot (d - y_0)$$
$$= 0.85 \times 18.5 \times 1000 \times 276 \times \left(310 - \frac{276}{2}\right) + 4054 \times 295 \times (490 - 310)$$
$$= 9.62 \times 10^8 \text{ N} \cdot \text{mm} = 962 \text{ kN} \cdot \text{m}$$

(c) つり合い破壊状態の偏心距離

$$e_b = \frac{M_b}{N'_b} = \frac{962}{3140} = 0.306 \text{ m}$$

(d) 設計断面力による偏心距離および破壊形式

$$e = 0.318 \text{ m} > e_b = 0.306 \text{ m} \quad \therefore \text{引張破壊}$$

(e) 設計断面耐力（引張破壊領域）

$$e' = e + d - y_0 = 318 + 490 - 310 = 498 \text{ mm}$$
$$a = \left[\left(1 - \frac{e'}{d}\right) + \sqrt{\left(1 - \frac{e'}{d}\right)^2 + \frac{2 f_{yd}}{0.85 f'_{cd}} \cdot \left(p \cdot \frac{e'}{d}\right)}\right] \cdot d$$
$$= \left[\left(1 - \frac{498}{490}\right) + \sqrt{\left(1 - \frac{498}{490}\right)^2 + \frac{2 \times 295}{0.85 \times 18.5} \times \left(0.00827 \times \frac{498}{490}\right)}\right] \times 490$$
$$= 267 \text{ mm}$$

$$N'_{ud} = \frac{0.85 f'_{cd} \cdot b \cdot a - A_s \cdot f_{yd}}{\gamma_b}$$
$$= \frac{0.85 \times 18.5 \times 1000 \times 267 - 4054 \times 295}{1.1}$$
$$= 2.73 \times 10^6 \text{ N} = 2730 \text{ kN}$$

$$M_{ud} = \frac{0.85 f'_{cd} \cdot b \cdot a \cdot \left(y_0 - \frac{a}{2}\right) + A_s \cdot f_{yd} \cdot (d - y_0)}{\gamma_b}$$
$$= \frac{0.85 \times 18.5 \times 1000 \times 267 \times \left(310 - \frac{267}{2}\right) + 4054 \times 295 \times (490 - 310)}{1.1}$$
$$= 8.69 \times 10^8 \text{ N} \cdot \text{mm} = 869 \text{ kN} \cdot \text{m}$$

(f) 安全性照査

$$\gamma_i \cdot \frac{N'_d}{N'_{ud}} = 1.1 \times \frac{260}{2730} = 0.10 < 1.0 \quad \therefore \text{OK}$$
$$\gamma_i \cdot \frac{M_d}{M_{ud}} = 1.1 \times \frac{82.6}{869} = 0.10 < 1.0 \quad \therefore \text{OK}$$

（4） M_{11} 点における安全性照査

M_{11} 点の断面図を**図 3-29** に示す。

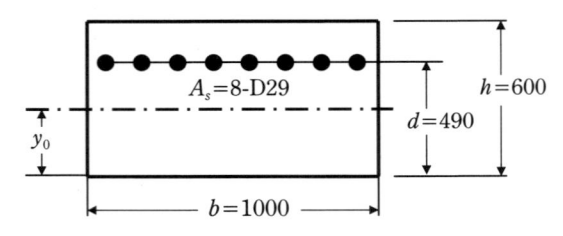

図 3-29 M_{11} 点の断面図

(a) 断面諸値

$$y_0 = \frac{\frac{b \cdot h^2}{2} + n \cdot A_s \cdot d}{b \cdot h + n \cdot A_s}$$

$$= \frac{\frac{1000 \times 600^2}{2} + 8.0 \times 5139 \times 490}{1000 \times 600 + 8.0 \times 5139} = 312 \text{ mm}$$

$$p = \frac{A_s}{b \cdot d} = \frac{5139}{1000 \times 490} = 0.0105$$

(b) つり合い破壊状態の断面耐力

$$a = \frac{700}{700 + f_{yd}} \cdot 0.8d = \frac{700}{700 + 295} \times 0.8 \times 490 = 276 \text{ mm}$$

$$N'_b = 0.85 f'_{cd} \cdot b \cdot a - A_s \cdot f_{yd}$$
$$= 0.85 \times 18.5 \times 1000 \times 276 - 5139 \times 295 = 2.82 \times 10^6 \text{ N} = 2820 \text{ kN}$$

$$M_b = 0.85 f'_{cd} \cdot b \cdot a \cdot \left(y_0 - \frac{a}{2}\right) + A_s \cdot f_{yd} \cdot (d - y_0)$$

$$= 0.85 \times 18.5 \times 1000 \times 276 \times \left(312 - \frac{276}{2}\right) + 5139 \times 295 \times (490 - 312)$$

$$= 1.03 \times 10^9 \text{ N} \cdot \text{mm} = 1030 \text{ kN} \cdot \text{m}$$

(c) つり合い破壊状態の偏心距離

$$e_b = \frac{M_b}{N'_b} = \frac{1030}{2820} = 0.365 \text{ m}$$

(d) 設計断面力による偏心距離および破壊形式

$$e = 1.577 \text{ m} > e_b = 0.365 \text{ m} \quad \therefore 引張破壊$$

(e) 設計断面耐力（引張破壊領域）

$$e' = e + d - y_0 = 1577 + 490 - 312 = 1755 \text{ mm}$$

$$a = \left[\left(1 - \frac{e'}{d}\right) + \sqrt{\left(1 - \frac{e'}{d}\right)^2 + \frac{2 f_{yd}}{0.85 f'_{cd}} \cdot \left(p \cdot \frac{e'}{d}\right)}\right] \cdot d$$

$$= \left[\left(1 - \frac{1755}{490}\right) + \sqrt{\left(1 - \frac{1755}{490}\right)^2 + \frac{2 \times 295}{0.85 \times 18.5} \times \left(0.0105 \times \frac{1755}{490}\right)}\right] \times 490$$

$$= 127 \text{ mm}$$

$$N'_{ud} = \frac{0.85 f'_{cd} \cdot b \cdot a - A_s \cdot f_{yd}}{\gamma_b}$$

$$= \frac{0.85 \times 18.5 \times 1000 \times 127 - 5139 \times 295}{1.1}$$

$$= 4.37 \times 10^5 \text{ N} = 437 \text{ kN}$$

$$M_{ud} = \frac{0.85 f'_{cd} \cdot b \cdot a \cdot \left(y_0 - \frac{a}{2}\right) + A_s \cdot f_{yd} \cdot (d - y_0)}{\gamma_b}$$

$$= \frac{0.85 \times 18.5 \times 1000 \times 127 \times \left(312 - \frac{127}{2}\right) + 5139 \times 295 \times (490 - 312)}{1.1}$$

$$= 6.96 \times 10^8 \text{ N} \cdot \text{mm} = 696 \text{ kN} \cdot \text{m}$$

(f) 安全性照査

$$\gamma_i \cdot \frac{N'_d}{N'_{ud}} = 1.1 \times \frac{260}{437} = 0.65 < 1.0 \quad \therefore \text{OK}$$

$$\gamma_i \cdot \frac{M_d}{M_{ud}} = 1.1 \times \frac{410}{696} = 0.65 < 1.0 \quad \therefore \text{OK}$$

2.4.4.6 鉄筋比の照査

［最小鉄筋比］

　最小鉄筋比は、示方書において長方形断面で 0.2% に規定されている。底版端部始点の断面 M_9 で照査する。

$$p = 0.00651 > 0.002 \quad \therefore \text{OK}$$

［最大鉄筋比］

　最大鉄筋比は、式(1-10)左辺によってつり合い鉄筋比 p_b の 50% 以下であるかを頂版中央部 M_8 について照査する。

$$p_b = 0.68 \cdot \frac{f'_{cd}}{f_{yd}} \cdot \frac{700}{700 + f_{ud}} = 0.68 \times \frac{18.5}{295} \times \frac{700}{700 + 295} = 0.0300$$

$$p = 0.0114 < 0.50 p_b = 0.50 \times 0.0300 = 0.015 \quad \therefore \text{OK}$$

2.4.5 せん断力に対する検討

2.4.5.1 安全性照査法および照査位置

　せん断力に対しては、棒部材としての設計せん断力 V_d に対する設計せん断耐力 V_{yd} の安全性を照査する。次に、設計斜め圧縮破壊耐力 V_{wcd} の安全性を照査する。この場合は、破壊形式が $V_{wcd} > V_{yd}$ であることを照査する。

　せん断力に対する照査断面は、部材端部から部材高さの 1/2 の位置における断面について行う。すなわち、図 3-30 に示す $S_1 \sim S_4$ の箇所において行う。

　側壁 S_1 : $x = 0.575$ m、S_2 : $x = 4.525$ m
　頂版 S_3 : $x = 0.550$ m
　底版 S_4 : $x = 0.575$ m

　せん断力に対する照査位置を図 3-30 に示す。

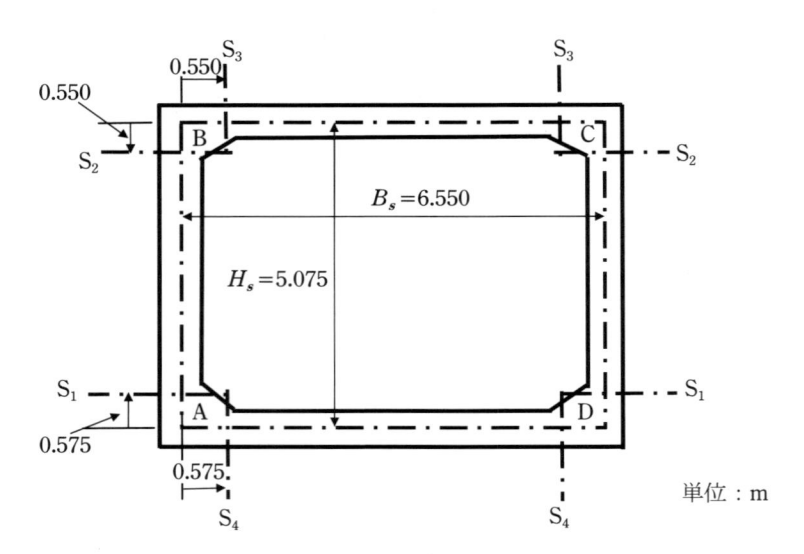

図 3-30 せん断力に対する照査位置

2.4.5.2 設計せん断力および断面諸値

（1） 側壁 S_1、S_2 の設計せん断力

$$S_1 = S_{AB} - w_1 \cdot x_1 - \frac{w_2 - w_1}{2l} \cdot x_1^2$$
$$= 260 - 113x + 5.80x^2 = 260 - 113 \times 0.575 + 5.80 \times 0.575^2 = 197 \text{ kN}$$
$$S_2 = 260 - 113 \times 4.525 + 5.80 \times 4.525^2 = -133 \text{ kN}$$

（2） 頂版 S_3 の設計せん断力

$$S_3 = S_{BC} - (w_1 + w_2) \cdot x_1 = 398 - 122x = 398 - 122 \times 0.550 = 331 \text{ kN}$$

（3） 底版 S_4 の設計せん断力

$$S_4 = S_{DA} - w \cdot x_1 = 478 - 146x = 478 - 146 \times 0.60 = 394 \text{ kN}$$

各せん断力照査位置における設計せん断力と断面諸値は、表 3-11 に示すとおりである。

表 3-11 せん断力照査位置における設計せん断力と断面諸値

部　材	側　壁		頂版	底版
照査位置	S_1	S_2	S_3	S_4
各節点からの距離 x (m)	0.575	4.525	0.550	0.600
V_d (kN)	197	133	331	394
h (mm)	592	592	592	625
d (mm)	492	492	492	515
p	0.00824	0.00824	0.00824	0.00787
N'_d (kN)	469	407	164	260

2.4.5.3 S_1〜S_4点におけるせん断補強鉄筋の配置とその安全性照査

(1) 側壁 S_1 点

(a) 設計せん断力

$$V_d = 197 \text{ kN}$$

(b) コンクリートの設計せん断耐力

コンクリートの設計せん断耐力は、式(1-28)〜式(1-34)を用いて計算する。

$$f_{vcd} = 0.20\sqrt[3]{f'_{cd}} = 0.20 \times \sqrt[3]{18.5} = 0.529 \text{ N/mm}^2$$

$$\beta_d = \sqrt[4]{\frac{1000}{d}} = \sqrt[4]{\frac{1000}{492}} = 1.19$$

$$\beta_p = \sqrt[3]{100p} = \sqrt[3]{100 \times 0.00824} = 0.938$$

$$A_g = b \cdot h + n \cdot A_s = 1000 \times 592 + 8.0 \times 4054 = 5.95 \times 10^5 \text{ mm}^2$$

$$y_0 = \frac{\frac{1}{2} \cdot b \cdot h^2 + n \cdot A_s \cdot d}{b \cdot h + n \cdot A_s} = \frac{\frac{1}{2} \times 1000 \times 592^2 + 8.0 \times 4054 \times 492}{1000 \times 592 + 8.0 \times 4054} = 306 \text{ mm}^4$$

$$I_g = \frac{b}{3} \cdot \left\{ y_0^3 + (h - y_0)^3 \right\} + n \cdot A_s \cdot (d - y_0)^2$$

$$= \frac{1000}{3} \times \left\{ 306^3 + (592 - 306)^3 \right\} + 8.0 \times 4054 \times (492 - 306)^2 = 1.85 \times 10^{10} \text{ mm}^4$$

$$M_0 = \frac{N'_d \cdot I_g}{A_g \cdot (h - y_0)} = \frac{469 \times 10^3 \times 1.85 \times 10^{10}}{5.95 \times 10^5 \times (592 - 306)} = 4.83 \times 10^7 \text{ N} \cdot \text{mm} = 48.3 \text{ kN} \cdot \text{m}$$

$$a = \frac{f_{yd} \cdot A_s}{0.85 f'_{cd} \cdot b} = \frac{295 \times 4054}{0.85 \times 18.5 \times 1000} = 76.1 \text{ mm}$$

$$M_{ud} = \frac{f_{yd} \cdot A_s \cdot \left(d - \frac{a}{2}\right)}{\gamma_b}$$

$$= \frac{295 \times 4054 \times \left(492 - \frac{76.1}{2}\right)}{1.1} = 4.94 \times 10^8 \text{ N} \cdot \text{mm} = 4940 \text{ kN} \cdot \text{m}$$

$$\beta_n = 1 + \frac{2M_0}{M_{ud}} = 1 + \frac{2 \times 48.3}{4940} = 1.02$$

$$V_{cd} = \frac{\beta_d \cdot \beta_p \cdot \beta_n \cdot f_{vcd} \cdot b \cdot d}{\gamma_b}$$

$$= \frac{1.19 \times 0.938 \times 1.02 \times 0.529 \times 1000 \times 492}{1.1} = 2.69 \times 10^5 \text{ N} = 269 \text{ kN}$$

(c) せん断補強鉄筋の配置とその設計せん断耐力

スターラップは D13 U 形を間隔 250 mm で配置する。スターラップによる設計せん断耐力は、式(1-35)を用いる。

A_w=2-D13=253 mm^2、s=250 mm、z=d/1.15=492/1.15=428 mm

$$V_{sd} = \frac{\frac{f_{wyd} \cdot A_w \cdot z}{s}}{\gamma_b} = \frac{\frac{295 \times 253 \times 428}{250}}{1.1} = 1.16 \times 10^5 \text{ N} = 116 \text{ kN}$$

(d) 設計せん断耐力

部材断面としての設計せん断耐力は、式(1-36)を用いる。

$$V_{yd} = V_{cd} + V_{sd} = 269 + 116 = 385 \text{ kN}$$

(e) 安全性の照査

安全性の照査は、式(1-37)を用いる。

$$\gamma_i \cdot \frac{V_d}{V_{yd}} = 1.1 \times \frac{197}{385} = 0.56 \; < \; 1.0 \qquad \therefore \text{OK}$$

(f) 設計斜め圧縮破壊耐力

設計斜め圧縮破壊耐力は、式(1-38)、式(1-39)を用いる。

$$V_{wcd} = \frac{1.25\sqrt{f'_{cd}} \cdot b \cdot d}{\gamma_b} = \frac{1.25\sqrt{18.5} \times 1000 \times 492}{1.3} = 2.03 \times 10^6 \text{ N} = 2030 \text{ kN}$$

(g) 斜め圧縮破壊に対する安全性の照査

斜め圧縮破壊の安全性の照査は、式(1-40)および式(1-41)を用いる。

$$\gamma_i \cdot \frac{V_d}{V_{wcd}} = 1.1 \times \frac{197}{2030} = 0.11 \; < \; 1.0 \qquad \therefore \text{OK}$$

$$V_{wcd} = 2030 \text{ kN} \; > \; V_{yd} = 385 \text{ kN} \qquad \therefore \text{OK}$$

(2) 側壁 S_2 点

側壁 S_1 点の断面と同一である。

(a) 設計せん断力

$$V_d = -133 \text{ kN}$$

(b) コンクリートの設計せん断耐力

$$f_{vcd} = 0.529 \text{ N/mm}^2, \; \beta_d = 1.19, \; \beta_p = 0.938, \; A_g = 5.95 \times 10^5 \text{ mm}^2, \; y_0 = 306 \text{ mm},$$
$$I_g = 1.85 \times 10^{10} \text{ mm}^4$$

$$M_0 = \frac{N'_d \cdot I_g}{A_g \cdot (h - y_0)} = \frac{407 \times 10^3 \times 1.85 \times 10^{10}}{5.95 \times 10^5 \times (592 - 306)} = 4.19 \times 10^7 \text{ N} \cdot \text{mm} = 41.9 \text{ kN} \cdot \text{m}$$

$a = 76.1$ mm

$M_{ud} = 4940$ kN·m

$$\beta_n = 1 + \frac{2M_0}{M_{ud}} = 1 + \frac{2 \times 41.9}{4940} = 1.02$$

$$V_{cd} = \frac{\beta_d \cdot \beta_p \cdot \beta_n \cdot f_{vcd} \cdot b \cdot d}{\gamma_b}$$
$$= \frac{1.19 \times 0.938 \times 1.02 \times 0.529 \times 1000 \times 492}{1.3} = 2.28 \times 10^5 \text{ N} = 228 \text{ kN}$$

(c) せん断補強鉄筋の配置とその設計せん断耐力

スターラップは D13 U 形を間隔 250 mm で配置する。

$A_w = 2$-D13 $= 253$ mm^2、$s = 250$ mm、$z = d/1.15 = 492/1.15 = 428$ mm

$V_{sd} = 116$ kN

(d) 設計せん断耐力
$$V_{yd} = V_{cd} + V_{sd} = 228 + 116 = 344 \text{ kN}$$

(e) 安全性の照査
$$\gamma_i \cdot \frac{V_d}{V_{yd}} = 1.1 \times \frac{133}{344} = 0.43 < 1.0 \quad \therefore \text{OK}$$

(f) 設計斜め圧縮破壊耐力
$$V_{wcd} = 2030 \text{ kN}$$

(g) 斜め圧縮破壊に対する安全性の照査
$$\gamma_i \cdot \frac{V_d}{V_{wcd}} = 1.1 \times \frac{133}{2030} = 0.07 < 1.0 \quad \therefore \text{OK}$$
$$V_{wcd} = 2030 \text{ kN} > V_{yd} = 344 \text{ kN} \quad \therefore \text{OK}$$

（3） 頂版 S_3 点

側壁 S_1 点の断面と同一である。

(a) 設計せん断力
$$V_d = 331 \text{ kN}$$

(b) コンクリートの設計せん断耐力
$$f_{vcd} = 0.529 \text{ N/mm}^2, \quad \beta_d = 1.19, \quad \beta_p = 0.938, \quad A_g = 5.95 \times 10^5 \text{ mm}^2, \quad y_0 = 306 \text{ mm},$$
$$I_g = 1.85 \times 10^{10} \text{ mm}^4$$
$$M_0 = \frac{N'_d \cdot I_g}{A_g \cdot (h - y_0)} = \frac{164 \times 10^3 \times 1.85 \times 10^{10}}{5.95 \times 10^5 \times (592 - 306)} = 1.73 \times 10^7 \text{ N} \cdot \text{mm} = 17.3 \text{ kN} \cdot \text{m}$$
$$a = 76.1 \text{ mm}$$
$$M_{ud} = 4940 \text{ kN} \cdot \text{m}$$
$$\beta_n = 1 + \frac{2M_0}{M_{ud}} = 1 + \frac{2 \times 17.3}{4940} = 1.00$$
$$V_{cd} = \frac{\beta_d \cdot \beta_p \cdot \beta_n \cdot f_{vcd} \cdot b \cdot d}{\gamma_b}$$
$$= \frac{1.19 \times 0.938 \times 1.00 \times 0.529 \times 1000 \times 492}{1.3} = 2.23 \times 10^5 \text{ N} = 223 \text{ kN}$$

(c) せん断補強鉄筋の配置とその設計せん断耐力

スターラップは D16 U 形を間隔 250 mm で配置する。
$$A_w = 2\text{-D16} = 397 \text{ mm}^2, \quad s = 250 \text{ mm}, \quad z = d/1.15 = 492/1.15 = 428 \text{ mm}$$
$$V_{sd} = \frac{\frac{f_{wyd} \cdot A_w \cdot z}{s}}{\gamma_b} = \frac{\frac{295 \times 397 \times 428}{250}}{1.1} = 1.82 \times 10^5 \text{ N} = 182 \text{ kN}$$

(d) 設計せん断耐力
$$V_{yd} = V_{cd} + V_{sd} = 223 + 182 = 405 \text{ kN}$$

(e) 安全性の照査
$$\gamma_i \cdot \frac{V_d}{V_{yd}} = 1.1 \times \frac{331}{405} = 0.90 < 1.0 \quad \therefore \text{OK}$$

(f) 設計斜め圧縮破壊耐力
$$V_{wcd} = 2030 \text{ kN}$$

(g) 斜め圧縮破壊に対する安全性の照査
$$\gamma_i \cdot \frac{V_d}{V_{wcd}} = 1.1 \times \frac{283}{2030} = 0.15 < 1.0 \quad \therefore \text{OK}$$
$$V_{wcd} = 2030 \text{ kN} > V_{yd} = 405 \text{ kN} \quad \therefore \text{OK}$$

（4） 底版 S_4 点

(a) 設計せん断力
$$V_d = 394 \text{ kN}$$

(b) コンクリートの設計せん断耐力

$$f_{vcd} = 0.529 \text{ N/mm}^2$$

$$\beta_d = \sqrt[4]{\frac{1000}{d}} = \sqrt[4]{\frac{1000}{515}} = 1.18$$

$$\beta_p = \sqrt[3]{100p} = \sqrt[3]{100 \times 0.00787} = 0.923$$

$$A_g = b \cdot h + n \cdot A_s = 1000 \times 625 + 8.0 \times 4054 = 6.57 \times 10^5 \text{ mm}^2$$

$$y_0 = \frac{\frac{1}{2} \cdot b \cdot h^2 + n \cdot A_s \cdot d}{b \cdot h + n \cdot A_s} = \frac{\frac{1}{2} \times 1000 \times 625^2 + 8.0 \times 4054 \times 515}{1000 \times 625 + 8.0 \times 4054} = 322 \text{ mm}$$

$$I_g = \frac{b}{3} \cdot \left\{ y_0^3 + (h - y_0)^3 \right\} + n \cdot A_s \cdot (d - y_0)^2$$
$$= \frac{1000}{3} \times \left\{ 322^3 + (625 - 322)^3 \right\} + 8.0 \times 4054 \times (515 - 322)^2 = 2.16 \times 10^{10} \text{ mm}^4$$

$$M_0 = \frac{N_d' \cdot I_g}{A_g \cdot (h - y_0)} = \frac{260 \times 10^3 \times 2.16 \times 10^{10}}{6.57 \times 10^5 \times (625 - 322)} = 2.82 \times 10^7 \text{ N} \cdot \text{mm} = 28.2 \text{ kN} \cdot \text{m}$$

$$a = \frac{f_{yd} \cdot A_s}{0.85 f_{cd}' \cdot b} = \frac{295 \times 4054}{0.85 \times 18.5 \times 1000} = 76.1 \text{ mm}$$

$$M_{ud} = \frac{f_{yd} \cdot A_s \cdot \left(d - \frac{a}{2} \right)}{\gamma_b}$$
$$= \frac{295 \times 4054 \times \left(515 - \frac{76.1}{2} \right)}{1.1} = 5.19 \times 10^8 \text{ N} \cdot \text{mm} = 5190 \text{ kN} \cdot \text{m}$$

$$\beta_n = 1 + \frac{2M_0}{M_{ud}} = 1 + \frac{2 \times 28.2}{5190} = 1.01$$

$$V_{cd} = \frac{\beta_d \cdot \beta_p \cdot \beta_n \cdot f_{vcd} \cdot b \cdot d}{\gamma_b}$$
$$= \frac{1.18 \times 0.923 \times 1.01 \times 0.529 \times 1000 \times 515}{1.3} = 2.31 \times 10^5 \text{ N} = 231 \text{ kN}$$

(c) せん断補強鉄筋の配置とその設計せん断耐力

スターラップは D16 U 形を間隔 200 mm で配置する。

$A_w = 2\text{-}D16 = 397 \text{ mm}^2$、$s = 200 \text{ mm}$、$z = d/1.15 = 515/1.15 = 448 \text{ mm}$

$$V_{sd} = \dfrac{\dfrac{f_{wyd} \cdot A_w \cdot z}{s}}{\gamma_b} = \dfrac{\dfrac{295 \times 397 \times 448}{200}}{1.1} = 2.38 \times 10^5 \text{ N} = 238 \text{ kN}$$

(d) 設計せん断耐力

$$V_{yd} = V_{cd} + V_{sd} = 231 + 238 = 469 \text{ kN}$$

(e) 安全性の照査

$$\gamma_i \cdot \dfrac{V_d}{V_{yd}} = 1.1 \times \dfrac{394}{469} = 0.92 < 1.0 \qquad \therefore \text{OK}$$

(f) 設計斜め圧縮破壊耐力

$$V_{wcd} = \dfrac{1.25\sqrt{f'_{cd}} \cdot b \cdot d}{\gamma_b} = \dfrac{1.25\sqrt{18.5} \times 1000 \times 515}{1.3} = 2.13 \times 10^6 \text{ N} = 2130 \text{ kN}$$

(g) 斜め圧縮破壊に対する安全性の照査

$$\gamma_i \cdot \dfrac{V_d}{V_{wcd}} = 1.1 \times \dfrac{394}{2130} = 0.20 < 1.0 \qquad \therefore \text{OK}$$

$$V_{wcd} = 2130 \text{ kN} > V_{yd} = 469 \text{ kN} \qquad \therefore \text{OK}$$

(5) 部材に配置するせん断補強鉄筋

部材に配置するせん断補強鉄筋は以下のとおりである。

　　側壁：スターラップ D13、U 形、間隔 250 mm
　　頂版：スターラップ D16、U 形、間隔 250 mm
　　底版：スターラップ D16、U 形、間隔 200 mm

いずれも部材の全長にわたって配置する。

2.5　耐久性に対する安全性照査（曲げひび割れの検討）

2.5.1　荷重と安全係数

ここでは、ひび割れ幅が鉄筋の腐食に対する制限値以下であるかを照査する。ひび割れ幅は曲げひび割れ幅を対象にする。荷重としては、構造物が供用期間中の通常の状態において作用すると考えられる、永久荷重と変動荷重による供用荷重を用いる。表 3-12 に供用荷重と安全係数を示す。

表 3-12　曲げひび割れ幅の検討に用いる供用荷重と安全係数

供用荷重の種類		荷重係数 γ_f	荷重修正係数 ρ_f
永久荷重	躯体自重	1.0	1.0
	土　圧	1.0	1.0
	舗装荷重	1.0	1.0
変動荷重	鉛直方向	1.0	1.0
（活荷重）	水平方向	1.0	1.0
地盤反力		—	—

2.5.2 供用荷重

供用荷重のうち、変動荷重については、規格値に低減係数 k_2 を乗じて求める。

$$S_e = S_p + k_2 \cdot S_r \tag{3-22}$$

ここに、S_e：供用荷重による断面力、S_p：永久荷重による断面力、S_r：変動荷重による断面力、k_2：低減係数、一般に $k_2 = 0.5$

よって、ここでは次式で計算する。

$$S_e = S_p + 0.5 \cdot S_r$$

曲げひび割れ幅の検討に用いる供用荷重を**表 3-13** に示す。

表 3-13　曲げひび割れ幅の検討に用いる供用荷重

供用荷重の種別				公称値・規格値 （kN/m²）	供用荷重 F_d （kN/m²）
永久荷重	躯体自重		D_{d1}	24.5×0.55＝13.5	13.5
			D_{d2}	24.5×0.55＝13.5	13.5
			D_{d3}	24.5×0.60＝14.7	14.7
	土圧	鉛直方向	p_{vd}	18.0×2.80＝50.4	50.4
		水平方向	p_{hd1}	0.5×18.0×3.075＝27.7	27.7
			p_{hd2}	0.5×18.0×8.15＝73.4	73.4
	舗装荷重	鉛直方向	p_{vad}	22.5×0.20＝4.50	4.5
		水平方向	p_{had}	0.5×22.5×0.20＝2.3	2.3
変動荷重	上載荷重	鉛直方向	p_{vld}	$\dfrac{94.55 \times 0.9}{2 \times 3.0 + 0.20} = 13.7$	13.7×0.5＝6.9
		水平方向	p_{hld}	0.5×13.7＝6.9	6.9×0.5＝3.4

2.5.3 荷重項の計算

$$\begin{aligned}
C_{AB} = C_{DC} &= \frac{H_s^2}{60} \cdot \{2(p_{hd1} + p_{had} + p_{hld}) + 3 \cdot (p_{hd2} + p_{had} + p_{hld})\} \\
&= \frac{5.075^2}{60} \times \{2 \times (27.7 + 2.3 + 3.4) + 3 \times (73.4 + 2.3 + 3.4)\} \\
&= 131 \text{ kN·m}
\end{aligned}$$

$$\begin{aligned}
C_{BA} = C_{CD} &= \frac{H_s^2}{60} \cdot \{3 \cdot (p_{hd1} + p_{had} + p_{hld}) + 2 \cdot (p_{hd2} + p_{had} + p_{hld})\} \\
&= \frac{5.075^2}{60} \times \{3 \times (27.7 + 2.3 + 3.4) + 2 \times (73.4 + 2.3 + 3.4)\} \\
&= 111 \text{ kN·m}
\end{aligned}$$

$$C_{BC} = C_{CB} = \frac{B_s^2 \cdot (p_{vd} + p_{vad} + D_{d1} + p_{vld1})}{12} = \frac{6.55^2 \times (50.4 + 4.5 + 13.5 + 6.9)}{12} = 269 \text{ kN·m}$$

$$\begin{aligned}
C_{DA} = C_{AD} &= \frac{B_s^2 \cdot \left(p_{vd2} + p_{vad} + D_{d1} + 2 \dfrac{D_{d2} \cdot H}{B_s} + p_{vld2}\right)}{12} \\
&= \frac{6.55^2 \times \left(50.4 + 4.5 + 13.5 + 2 \times \dfrac{13.5 \times 4.50}{6.55} + 6.9\right)}{12} = 336 \text{ kN·m}
\end{aligned}$$

2.5.4 ラーメン解析
2.5.4.1 剛比
剛比は、2.4.1.3（1）において計算した値と同じで、次のとおりである。
$$K_1 = 1.0 \qquad K_2 = 0.775 \qquad K_3 = 1.01$$

2.5.4.2 節点曲げモーメント

$$\begin{bmatrix} 2+K_3 & 1 \\ 1 & 2+K_2 \end{bmatrix} \begin{bmatrix} \theta_A \\ \theta_B \end{bmatrix} = \begin{bmatrix} C_{AB} - C_{AD} \\ C_{BC} - C_{BA} \end{bmatrix}$$

$$\begin{bmatrix} 2+1.01 & 1 \\ 1 & 2+0.775 \end{bmatrix} \begin{bmatrix} \theta_A \\ \theta_B \end{bmatrix} = \begin{bmatrix} 131 - 336 = -205 \\ 269 - 111 = 158 \end{bmatrix}$$

$$\theta_A = \frac{-205 \times 2.775 - 158}{3.01 \times 2.775 - 1} = -98.9 \text{ kN·m}$$

$$\theta_B = \frac{3.01 \times 158 - (-205)}{3.01 \times 2.775 - 1} = 92.6 \text{ kN·m}$$

$$M_{AB} = -M_{DC} = 2\theta_A + \theta_B - C_{AB}$$
$$= 2 \times (-98.9) + 92.6 - 131 = -236 \text{ kN·m}$$

$$M_{BA} = -M_{CD} = 2\theta_B + \theta_A + C_{BA}$$
$$= 2 \times 92.6 + (-98.9) + 111 = 197 \text{ kN·m}$$

$$M_{BC} = -M_{CB} = K_2 \cdot \theta_B - C_{BC}$$
$$= 0.775 \times 92.6 - 269 = -197 \text{ kN·m}$$

$$M_{AD} = -M_{DA} = K_3 \cdot \theta_A + C_{AD}$$
$$= 1.01 \times (-98.9) + 336 = 236 \text{ kN·m}$$

検算
$$\Sigma M_A = M_{AB} + M_{AD} = -236 + 236 = 0 \qquad \therefore \text{OK}$$
$$\Sigma M_B = M_{BA} + M_{BC} = 197 + (-197) = 0 \qquad \therefore \text{OK}$$

2.5.5 各部材断面力
2.5.5.1 側壁（A～B）（C～D）
（1）せん断力

節点せん断力

$$S_{AB} = \frac{2(p_{hd2} + p_{had} + p_{hld}) + (p_{hd1} + p_{had} + p_{hld})}{6} \cdot l - \frac{M_{AB} + M_{BA}}{l}$$
$$= \frac{2 \times (73.4 + 2.3 + 3.4) + (27.3 + 2.3 + 3.4)}{6} \times 5.075 - \frac{-236 + 197}{5.075}$$
$$= 169 \text{ kN}$$

$$S_{BA} = -\frac{(p_{hd2} + p_{had} + p_{hld}) + 2(p_{hd1} + p_{had} + p_{hld})}{6} \cdot l - \frac{M_{AB} + M_{BA}}{l}$$
$$= -\frac{(73.4 + 2.3 + 3.4) + 2 \times (27.3 + 2.3 + 3.4)}{6} \times 5.075 - \frac{-236 + 197}{5.075}$$
$$= -115 \text{ kN}$$

(2) 曲げモーメント

節点曲げモーメント

$$M_A = M_{AB} = -236 \text{ kN}\cdot\text{m}$$
$$M_B = -M_{BA} = -197 \text{ kN}\cdot\text{m}$$

曲げモーメント M_x

$$\begin{aligned}
M_x &= S_{AB}\cdot x - \frac{p_{hd2}+p_{had}+p_{hld}}{2}\cdot x^2 \\
&\quad - \frac{(p_{hd1}+p_{had}+p_{hld})-(p_{hd2}+p_{had}+p_{hld})}{6l}\cdot x^3 + M_{AB} \\
&= 169x - \frac{73.4+2.3+3.4}{2}x^2 \\
&\quad - \frac{(27.3+2.3+3.4)-(73.4+2.3+3.4)}{6\times 5.075}x^3 - 236 \\
&= 169x - 39.6x^2 - 1.51x^3 - 236
\end{aligned}$$

最大曲げモーメントが生じる位置を求めるため、$dM_x/dx=0$ とおき、その位置 x を計算する。

$$\frac{dM_x}{dx} = 169 - 79.1x + 4.53x^2 = 0$$

$$\therefore\ x = 2.49 \text{ m}$$

A 点から $x=2.49$ m の位置で最大曲げモーメント $M_{\max}$ となる。

$$\begin{aligned}
M_{\max} &= S_{AB}\cdot x - \frac{p_{hd2}+p_{had}+p_{hld}}{2}\cdot x^2 \\
&\quad - \frac{(p_{hd1}+p_{had}+p_{hld})-(p_{hd2}+p_{had}+p_{hld})}{6l}\cdot x^3 + M_{AB} \\
&= 169\times 2.49 - \frac{73.4+2.3+3.4}{2}\times 2.49^2 \\
&\quad - \frac{(27.3+2.3+3.4)-(73.4+2.3+3.4)}{6\times 5.075}\times 2.49^3 - 236 \\
&= -37.0 \text{ kN}\cdot\text{m}
\end{aligned}$$

2.5.5.2 頂版（B～C）

(1) せん断力

節点せん断力

$$\begin{aligned}
S_{BC} = -S_{CB} &= \frac{p_{vd}+p_{vad}+D_{d1}+p_{vld}}{2}\cdot l - \frac{M_{BC}+M_{CB}}{l} \\
&= \frac{50.4+4.5+13.5+6.9}{2}\times 6.55 - \frac{-197+197}{6.55} \\
&= 247 \text{ kN}
\end{aligned}$$

(2) 曲げモーメント

$$M_B = M_{BC} = -197 \text{ kN}\cdot\text{m}$$
$$M_C = -M_{CB} = 197 \text{ kN}\cdot\text{m}$$

最大曲げモーメント $M_{\max}$ の位置はスパン中央 $l/2=6.55/2=3.275$ m となる。

$$M_{\max} = S_{BC} \cdot \frac{l}{2} - \frac{p_{vd} + p_{vad} + D_{d1} + p_{vld}}{2} \cdot \left(\frac{l}{2}\right)^2 + M_{BC}$$

$$= 247 \times 3.275 - \frac{50.4 + 4.5 + 13.5 + 6.9}{2} \times 3.275^2 - 197$$

$$= 208 \text{ kN} \cdot \text{m}$$

2.5.5.3 底版（D～A）

（1） せん断力

節点せん断力

$$S_{DA} = -S_{AD} = \frac{p_{vd} + p_{vad} + p_{vld} + D_{d1} + 2 \cdot \dfrac{D_{d2} \cdot H}{B_s}}{2} \cdot l - \frac{M_{DA} + M_{AD}}{l}$$

$$= \frac{50.4 + 4.5 + 6.9 + 13.5 + 2 \times \dfrac{13.5 \times 4.50}{6.55}}{2} \times 6.55 - \frac{-236 + 236}{6.55}$$

$$= 307 \text{ kN} \cdot \text{m}$$

（2） 曲げモーメント

$$M_D = M_{DA} = -236 \text{ kN} \cdot \text{m}$$
$$M_A = -M_{AD} = 236 \text{ kN} \cdot \text{m}$$

最大曲げモーメント $M_{\max}$ の位置はスパン中央 $l/2 = 6.55/2 = 3.275$ m である。

$$M_{\max} = S_{DA} \cdot \frac{l}{2} - \frac{p_{vd} + p_{vad} + p_{vld} + D_{d1} + 2 \times \dfrac{D_{d2} \cdot H}{B_s}}{2} \cdot \left(\frac{l}{2}\right)^2 + M_{DA}$$

$$= 383 \times 3.275 - \frac{50.4 + 4.5 + 6.9 + 13.5 + 2 \times \dfrac{13.5 \times 4.50}{6.55}}{2} \times 3.275^2 - 236$$

$$= 266 \text{ kN} \cdot \text{m}$$

2.5.5.4 断面力の集計

曲げひび割れ幅の検討に用いる断面力の集計を**表 3-14** に示す。

表 3-14 曲げひび割れ幅の検討に用いる断面力の集計

	側　壁			頂　版			底　版		
	A点	中間部	B点	B点	中央	C点	D点	中央	A点
M (kN·m)	−236	−37.0	−197	−197	208	−197	−236	266	−236
S (kN)	169	0	−115	247	0	−247	−307	0	307
N' (kN)	307	278*	247	115	115	115	169	169	169

＊：307−(307−247)×2.49/5.075＝278

曲げひび割れ幅は、**表 3-14** から判断し、次の断面において照査する。

側壁下端部 A 点から 0.300 m
頂版中央
底版中央

2.5.6 曲げひび割れ幅の安全性照査
2.5.6.1 曲げひび割れ幅の計算

曲げひび割れ幅は、式(1-42)～式(1-44)によって計算する。その照査は式(1-45)および**表1-3**に示す限界値を用いて行う。

また、断面の核内距離（コア）は次式によって求める。

$$k_{d1} = \frac{I_g}{A_g(h-y_0)} \tag{3-23}$$

ここに、k_{d1}：核内距離（mm）

設計断面力の偏心距離 e が核内距離 k_{d1} より小さい場合（$e<k_{d1}$）、すなわちコア内の場合は全断面が圧縮領域となり、逆に、大きい場合（$e>k_{d1}$）、すなわちコア外の場合は断面の一部が引張領域となることを表している。

軸力がコア外にあるとき、中立軸の位置は次式で与えられる。

$$x^3 + 3e' \cdot x^2 + \frac{6n}{b}\{A_s(d+e')\}x - \frac{6n}{b}\{A_s \cdot d(d+e')\} = 0 \tag{3-24}$$

$$e' = e - y_0$$

鉄筋の応力度は次式によって求められる。

$$\sigma_{se} = n \cdot \frac{N'}{\frac{1}{2}b \cdot x - n \cdot A_s\left(\frac{d-x}{x}\right)} \cdot \frac{d-x}{x} \tag{3-25}$$

ここに、σ_{se}：鉄筋の応力度（N/mm^2）

2.5.6.2 側壁下端部（A 点から 0.300 m の位置）

A 点から 0.300 m の位置（$x=0.300$ m）における曲げモーメントおよび軸力は以下のとおり計算できる。

$$\begin{aligned}M_{x=0.300} &= S_{AB} \cdot x - \frac{w_1}{2}x^2 - \frac{w_2-w_1}{6l}x^3 + M_{AB} \\ &= 169x - 39.6x^2 - 1.51x^3 - 236 = -189 \text{ kN} \cdot \text{m}\end{aligned}$$

$$N'_{x=0.300} = N'_A - (N'_A - N'_B) \cdot \frac{x}{H_s} = 307 - 11.8x = 303 \text{ kN}$$

偏心距離は次式によって求められる。

$$e = \frac{189}{303} = 0.624 \text{ m}$$

断面諸値は以下のとおりである。

部材高さ $h=683$ mm、有効高さ $d=583$ mm

核内距離（コア）は式(3-24)によって計算する。

$$A_g = 1000 \times 683 + 8.0 \times 4054 = 7.15 \times 10^5 \, \text{mm}^2$$

$$y_0 = \frac{\frac{1}{2} \times 1000 \times 683^2 + 8.0 \times 4054 \times 583}{1000 \times 683 + 8.0 \times 4054} = 352 \, \text{mm}$$

$$I_g = \frac{1000}{3} \times \{352^3 + (683 - 352)^3\} + 8.0 \times 4054 \times (583 - 352)^2 = 2.84 \times 10^{10} \, \text{mm}^4$$

$$k_{d1} = \frac{2.84 \times 10^{10}}{7.15 \times 10^5 \times (683 - 352)} = 120.0 \, \text{mm}$$

$e = 624 \, \text{mm} > k_{d1} = 120 \, \text{mm}$　∴ コア外

中立軸の位置は、式(3-25)によって求める。

$$e' = 624 - 352 = 272 \, \text{mm}$$

$$x^3 + 3 \times 272 \times x^2 + \frac{6 \times 8.0}{1000}\{4054 \times (583 + 272)\}x - \frac{6 \times 8.0}{1000} \times \{4054 \times 583 \times (583 + 272)\} = 0$$

$$x^3 + 816 \times x^2 + 1.66 \times 10^5 \times x - 9.70 \times 10^7 = 0$$

∴ $x = 235 \, \text{mm}$

鉄筋の応力度は、式(3-26)に代入し次のとおりとなる。

$$\sigma_{se} = 8.0 \times \frac{303 \times 10^3}{\frac{1}{2} \times 1000 \times 235 - 8.0 \times 4054 \times \left(\frac{583 - 235}{235}\right)} \times \frac{583 - 235}{235}$$

$$= 51.7 \, \text{N/mm}^2$$

曲げひび割れ幅は式(1-42)〜式(1-44)を用いて計算する。

$$k_1 = 1.0, \quad k_2 = \frac{15}{18.5 + 20} + 0.7 = 1.09, \quad k_3 = \frac{5 \times (1+2)}{7 \times 1 + 8} = 1.0$$

$$w = 1.1 \times 1.0 \times 1.09 \times 1.0 \times \{4 \times 87.5 + 0.7 \times (125 - 25)\} \times \left(\frac{51.7}{2.0 \times 10^5} + 150 \times 10^{-6}\right)$$

$$= 0.21 \, \text{mm}$$

許容ひび割れ幅は、表1-3において一般の環境を適用し、次のとおりである。

$$w_a = 0.005c = 0.005 \times 85.5 = 0.428 \, \text{mm}$$

曲げひび割れ幅の照査は、式(1-45)を用いて照査する。

$w = 0.21 \, \text{mm} < w_a = 0.43 \, \text{mm}$　∴ OK

2.5.6.3　頂版中央部

曲げモーメント、軸力および偏心距離は以下のとおりである。

$$M = 208 \, \text{kN} \cdot \text{m}, \quad N' = 115 \, \text{kN}$$

$$e = \frac{208}{115} = 1.81 \, \text{m}$$

断面諸値、鉄筋の応力度および曲げひび割れ幅は以下のとおり計算できる。

$$y_0 = \frac{\frac{1000 \times 550^2}{2} + 8.0 \times 5139 \times 450}{1000 \times 550 + 8.0 \times 5139} = 287 \, \text{mm}$$

$$A_g = 1000 \times 550 + 8.0 \times 5139 = 5.91 \times 10^5 \, \text{mm}^2$$

$$I_g = \frac{1000}{3} \times \{287^3 + (550 - 287)^3\} + 8.0 \times 5139 \times (450 - 287)^2 = 1.50 \times 10^{10} \, \text{mm}^4$$

$$k_{d1} = \frac{1.50 \times 10^{10}}{5.91 \times 10^5 \times (550-287)} = 96.5 \text{ mm}$$

$$e = 1810 \text{ mm} > k_{d1} = 96.5 \text{ mm} \quad \therefore コア外$$

$$e' = e - y_0 = 1810 - 287 = 1523 \text{ mm}$$

$$x^3 + 3 \times 1523 \times x^2 + \frac{6 \times 8.0}{1000} \{5139 \times (450+1523)\}x$$
$$- \frac{6 \times 8.0}{1000} \times \{5139 \times 450 \times (450+1523)\} = 0$$

$$x^3 + 4569 \times x^2 + 4.87 \times 10^5 \times x - 2.19 \times 10^8 = 0$$

$$\therefore x = 170 \text{ mm}$$

$$\sigma_{se} = 8.0 \times \frac{115 \times 10^3}{\frac{1}{2} \times 1000 \times 170 - 8.0 \times 5139 \times \left(\frac{450-170}{170}\right)} \times \frac{450-170}{170} = 87.7 \text{ N/mm}^2$$

$$k_1 = 1.0 \quad k_2 = 1.09 \quad k_3 = 1.0$$

$$w = 1.1 \times 1.0 \times 1.09 \times 1.0 \times \{4 \times 85.5 + 0.7 \times (125-29)\} \times \left(\frac{87.7}{2.0 \times 10^5} + 150 \times 10^{-6}\right)$$
$$= 0.29 \text{ mm}$$

曲げひび割れ幅の照査

$$w = 0.29 \text{ mm} < w_a = 0.43 \text{ mm} \quad \therefore \text{OK}$$

2.5.6.4 底版中央部

曲げモーメント、軸力および偏心距離は以下のとおりである。

$$M = 266 \text{ kN} \cdot \text{m}, \quad N' = 169 \text{ kN}$$

$$e = \frac{266}{169} = 1.57 \text{ m}$$

断面諸値、鉄筋の応力度および曲げひび割れ幅は以下のとおり計算できる。

$$A_g = 1000 \times 600 + 8.0 \times 5139 = 6.41 \times 10^5 \text{ mm}^4$$

$$y_0 = \frac{\frac{1}{2} \times 1000 \times 600^2 + 8.0 \times 5139 \times 490}{1000 \times 600 + 8.0 \times 5139} = 312 \text{ mm}$$

$$I_g = \frac{1000}{3} \times \{312^3 + (600-312)^3\} + 8.0 \times 5139 \times (490-312)^2 = 1.81 \times 10^{10} \text{ mm}^4$$

$$k_{d1} = \frac{1.81 \times 10^{10}}{6.41 \times 10^5 \times (600-312)} = 98.0 \text{ mm}$$

$$e = 1570 \text{ mm} > k_{d1} = 98 \text{ mm} \quad \therefore コア外$$

$$e' = e - y_0 = 1570 - 312 = 1258 \text{ mm}$$

$$x^3 + 3 \times 1258 \times x^2 + \frac{6 \times 8.0}{1000} \{5139 \times (490+1258)\}x$$
$$- \frac{6 \times 8.0}{1000} \times \{5139 \times 490 \times (490+1258)\} = 0$$

$$x^3 + 3774 \times x^2 + 4.31 \times 10^5 \times x - 2.11 \times 10^8 = 0$$

$$\therefore x = 183 \text{ mm}$$

$$\sigma_{se} = 8.0 \times \frac{169 \times 10^3}{\frac{1}{2} \times 1000 \times 183 - 8.0 \times 5139 \times \left(\frac{490-183}{183}\right)} \times \frac{490-183}{183} = 101 \text{ N/mm}^2$$

$$k_1 = 1.0 \quad k_2 = 1.09 \quad k_3 = 1.0$$

$$w = 1.1 \times 1.0 \times 1.09 \times 1.0 \times \{4 \times 95.5 + 0.7 \times (125-29)\} \times \left(\frac{101}{2.0 \times 10^5} + 150 \times 10^{-6}\right)$$

$$= 0.35 \text{ mm}$$

曲げひび割れ幅の照査

$w = 0.35$ mm $<$ $w_a = 0.005c = 0.005 \times 95.5 = 0.48$ mm ∴ OK

2.5.7 曲げひび割れ幅の検討結果および考察

本設計では、構造物が供用期間中に通常の状態で作用する荷重を供用荷重と定義し、それによって生じる曲げひび割れ幅を照査した。その結果、次のことがいえる。

断面破壊の安全性照査では余裕を持って合格しても曲げひび割れ幅の照査では不合格となった。そこで、部材の断面寸法を変えずに鉄筋量を増加させて対処することにした。断面破壊の安全性よりも曲げひび割れ幅に基づく耐久性が支配的因子であることが明らかとなった。すなわち、設計断面は設計荷重によって破壊することよりも、曲げひび割れ幅が大きくなって耐久性を損なうリスクが大きいことを表している。

曲げひび割れ幅を制限する方法としては、曲げひび割れ幅を直接計算して許容値以下にする方法と、鉄筋に発生する応力度を制限して間接的にひび割れ幅を制限する方法がある。コンクリート示方書は前者であり、道路橋示方書[8]は後者である。道路橋示方書の耐久性照査では、死荷重による鉄筋応力度を 100 N/mm² 以下に制限している。

2.6 配筋詳細

2.6.1 主鉄筋とその定着長

主鉄筋は、曲げモーメントが零となる位置から基本定着長 l_d だけ伸ばす。基本定着長は式(2-31)によって求める。主鉄筋径は D25 および D29、それらの間隔は 125 mm である。なお、配力鉄筋は D13、間隔 300 mm を使用する。

基本定着長の計算結果を以下に示す。

D25 の場合： $c=50$、 $k_c=2.3$、 $\alpha=0.7$、 $l_d=721$ mm
D29 の場合： $c=48$、 $k_c=1.9$、 $\alpha=0.8$、 $l_d=956$ mm

2.6.2 主鉄筋の配置と加工寸法

主鉄筋の配置は、図 3-31 に示すとおりである。側壁では W_1-D25、頂版では端部が W_1-D25 を中央部が S_1-D29、底版では端部が W_1-D25、中央部が F_1-D29 をそれぞれ配筋する。

コンクリート表面から鉄筋の図心までの距離を 100 mm に設定する。主鉄筋には標準フックを設ける。標準フックを設ける場合は定着長を 10 ϕ 減じる。

D25 の標準フック（半円形）の長さ

$\pi \times 2.5 \phi + 4 \phi = \pi \times 2.5 \times 25 + 4 \times 25 = 296$ mm

D29 の標準フック（半円形）の長さ

$\pi \times 2.5\,\phi + 4\,\phi = \pi \times 2.5 \times 29 + 4 \times 29 = 228 + 116 = 344$ mm

各部材の曲げモーメントが 0 となる位置は次のとおりである。

　側壁：なし
　頂版：B 点から 0.79 m、C 点から 0.79 m
　底版：A 点から 0.90 m、D 点から 0.90 m
　W_1(D25)の長さ：
　　　$5650 - 100 - 110 + 265 \times 2 + 790 \times 2 + 296 \times 2 - 250 \times 2 = 7642$ mm　→　7700 mm
　S_1(D29)の長さ：　　$7100 - 2 \times 100 + 2 \times 344 = 7588$ mm　→　7600 mm
　F_1(D29)の長さ：　　$7100 - 2 \times 100 + 2 \times 344 = 7588$ mm　→　7600 mm

主鉄筋の概要図を図 3-31 に、その詳細図を図 3-32 にそれぞれ示す。

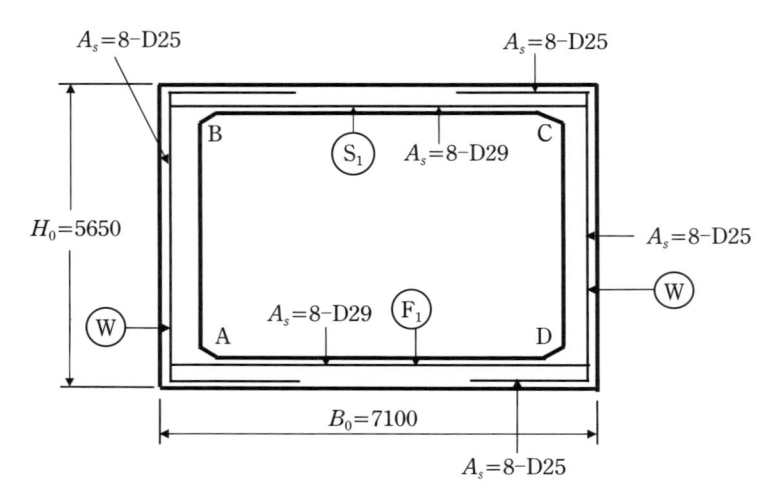

図 3-31　主鉄筋の概要図

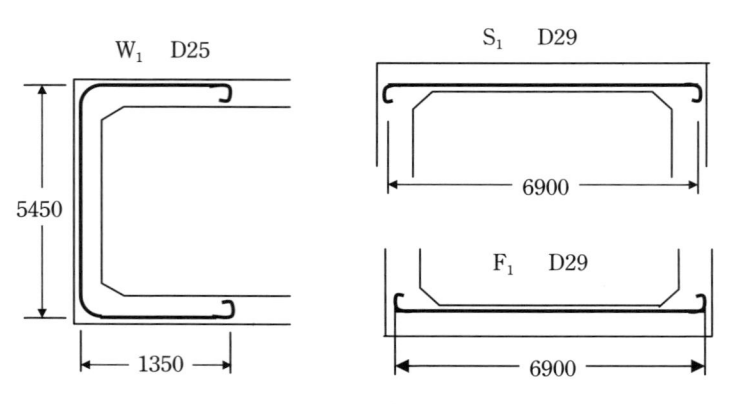

図 3-32　主鉄筋の詳細図

2.6.3　せん断補強鉄筋の配置および形状

せん断補強鉄筋としてスターラップ U 形を使用する。部材別に示すと次のとおりである。

　側壁：　スターラップ D13、　U 形、　間隔 250 mm

頂版： スターラップ D16、 U 形、 間隔 250 mm
底版： スターラップ D16、 U 形、 間隔 200 mm

したがって、側壁においては、全長にわたって D13 U 形を間隔 250 mm で配置する（鉄筋記号 D_1）。頂版においては、全長にわたって D16 U 形を間隔 250 mm で配置する（鉄筋記号 D_2）。底版においては全長にわたって D16 U 形を間隔 200 mm で配置する（鉄筋記号 D_3）。
スターラップの配置を図 3-33 に示す。

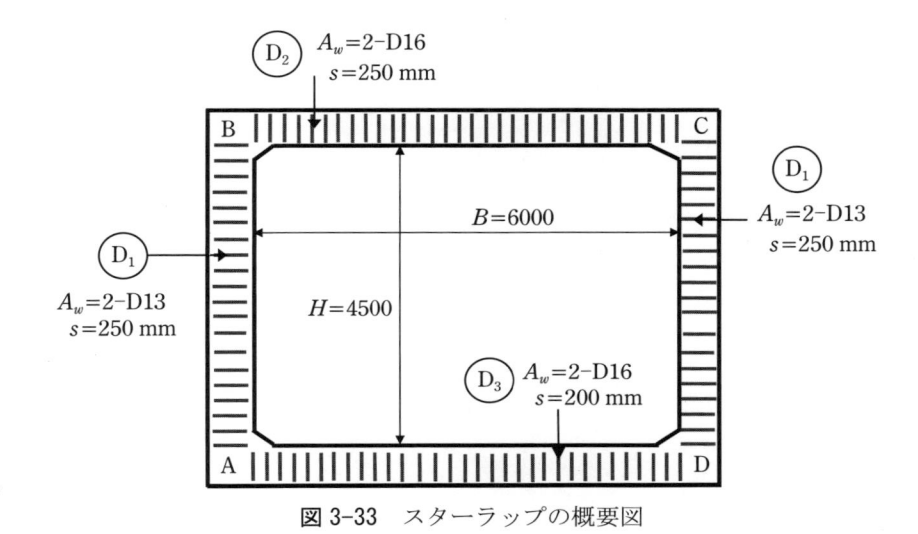

図 3-33 スターラップの概要図

側壁・頂版に配置するスターラップ D_1 および D_2 の長さ

スターラップの端部は標準フックを設ける。D13 の場合 154 mm、D16 の場合 190 mm である。

D_1 の長さ＝386×2＋545＋10.2×4＋130×2＋154×2＝1926 mm → 1940 mm

D_2 の長さ＝386×2＋545＋12.6×4＋135×2＋190×2＝2017 mm → 2030 mm

側壁・頂版に配置するスターラップの詳細図を図 3-34 に示す。

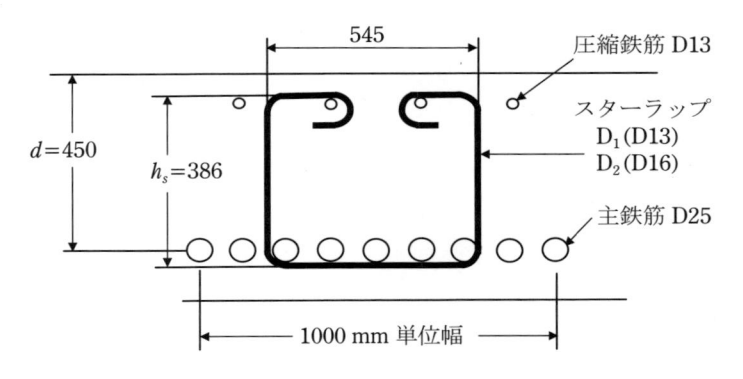

図 3-34 側壁・頂版端部におけるスターラップの配置

底版に配置するスターラップ D_3 の長さ
D_3 の長さ＝424×2＋545＋12.6×4＋135×2＋190×2＝2093 mm → 2100 mm
底版に配置するスターラップの詳細図を図 3-35 に示す。

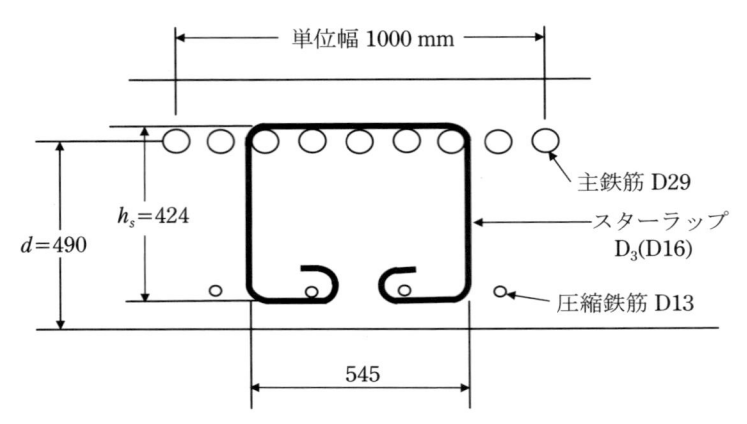

図 3-35　底版におけるスターラップの配置

2.6.4　配力鉄筋および圧縮鉄筋

縦断方向（延長方向）に配力鉄筋を配置する。使用する鉄筋は、D13、間隔は 300 mm として上下 2 段に側壁 W_2 および W_4、頂版 S_2 および S_4、および底版 F_2 および F_4 にそれぞれ配置する。端部付近においては間隔を 200 mm とする。

側壁：上下 2 段、W_2 および W_4 の長さ＝9800 mm

頂版：上下 2 段、S_2 および S_4 の長さ＝9800 mm

底版：上下 2 段、F_2 および F_4 の長さ＝9800 mm

各部材の圧縮側には圧縮鉄筋を配置する。使用する鉄筋は、D13、間隔は 300 mm として、側壁 W_3、頂版 S_3、および底版 F_3 とする。

側壁：W_3 の長さ＝5440 mm

頂版：S_3 の長さ＝6900 mm

底版：F_3 の長さ＝6900 mm

配力鉄筋および圧縮鉄筋の配置を図 3-36 に示す。

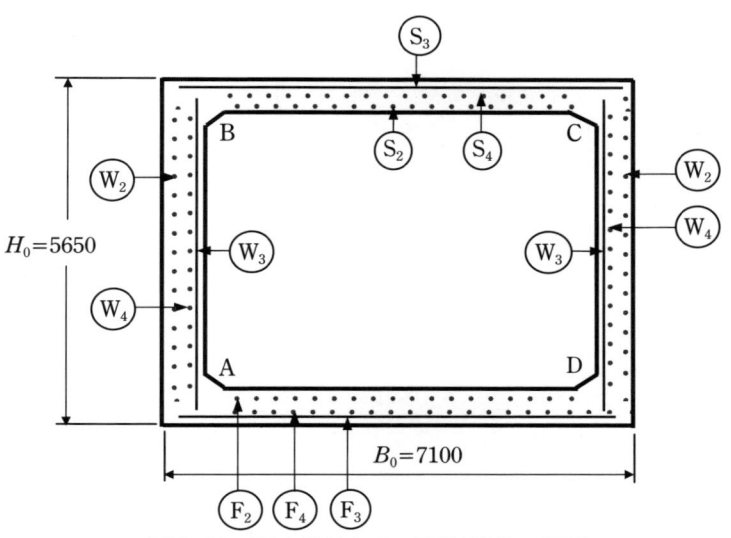

図 3-36 配力鉄筋および圧縮鉄筋の配置

2.6.5 隅角部の配筋

隅角部を補強するため、用心鉄筋を配置する。鉄筋径 D16 を間隔 250 mm で使用し、内面のコンクリート表面から鉄筋図心までの距離は 100 mm とする。頂版の両隅角部には C_1 を、底版の両隅角部には C_2 をそれぞれ用いる。

D16 の標準フック（半円形）の長さは $= \pi \times 2.5\phi + 4\phi = \pi \times 2.5 \times 16 + 4 \times 16 = 190$ mm

　C_1 の長さ $= 1700 + 2 \times 200 + 2 \times 190 = 2480$ mm

　C_2 の長さ $= 1760 + 2 \times 200 + 2 \times 190 = 2540$ mm

隅角部の配筋を**図 3-37** に示す。

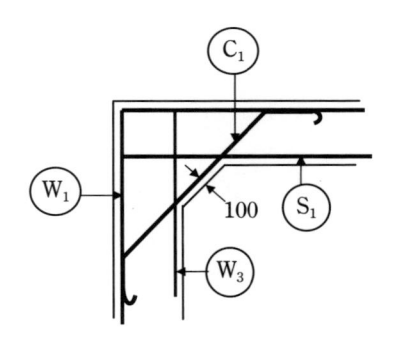

図 3-37 頂版の隅角部配筋

2.6.6 鉄筋表

延長 10 m 当たりの鉄筋表を**表 3-15** に示す。

表 3-15 鉄筋表（延長 10 m 当たり）

部材	種別	記号	径	長さ (mm)	本数	単位質量 (kg/m)	1本当たりの質量 (kg)	質量 (kg)
側壁	主鉄筋	W_1	D25	7700	79×2=158	3.98	30.6	4842
	配力鉄筋	W_2	D13	9800	18×2=36	0.995	9.75	351
	圧縮鉄筋	W_3	D13	5440	34×2=68	0.995	5.41	368
	配力鉄筋	W_4	D13	9800	16×2=32	0.995	9.75	312
頂版	主鉄筋	S_1	D29	7600	79	5.04	38.3	3026
	配力鉄筋	S_2	D13	9800	22	0.995	9.75	215
	圧縮鉄筋	S_3	D13	6900	34	0.995	6.87	233
	配力鉄筋	S_4	D13	9800	20	0.995	9.75	195
底版	主鉄筋	F_1	D29	7600	79	5.04	38.3	3026
	配力鉄筋	F_2	D13	9800	20	0.995	9.75	195
	圧縮鉄筋	F_3	D13	6900	34	0.995	6.87	233
	配力鉄筋	F_4	D13	9800	22	0.995	9.75	215
側壁	スターラップ	D_1	D13	1940	190×2=380	0.995	1.93	734
頂版		D_2	D16	2030	250	1.56	3.17	792
底版		D_3	D16	2100	310	1.56	3.28	1016
頂版隅角部	用心鉄筋	C_1	D16	2480	39×2=78	1.56	3.87	302
底版隅角部		C_2	D16	2540	39×2=78	1.56	3.96	309
							合計	16364

コラム4

構造物の耐用期間における性能とコスト

わが国では、かつてないスピードで少子高齢化が進行しており、種々の社会的経済的問題を惹起しているが、その中で特に財政難が大きな問題となっている。これによって、社会基盤施設の建設や維持管理に悪影響が出ることは避けられない。

構造物の耐用期間における性能およびトータルコストの推移は、概念的に右図のとおりである。構造物は経年によりその性能が低下し、要求性能を満たさなくなると、寿命を迎える。Aタイプは、建設時の性能が高く、イニシャルコストも高い。補修を行わないからコストはイニシャルコストのみでよい。Bタイプは、Aタイプに比べて建設時の性能が低く、イニシャルコストも低い。

しかし、供用期間内で性能低下が顕著となり、途中で補修を要する。コストに着目すれば、トータルコストはBタイプよりAタイプの方が低い。総合評価すれば、トータルコストが低いAタイプが優れているのは自明である。

近年、発注機関では財政難からコスト削減策が優先され、Bタイプの建設が主流となっている。コスト削減は主として材料費の切り詰めに陥り、材料の品質低下を来しやすい。さらに、補修工事による供用停止や制限が加わることによる経済的損失が生じる。それでも、予算効率や費用対効果を求められる発注機関では、いやも応もない選択を迫られる。

建設分野における最大の地球温暖化対策は構造物を長持ちさせることであると考えられるが、この観点から構造物の耐用期間における性能とコストを評価することが重要となろう。「安物買いの銭失い」という先人の教訓をかみしめたい。

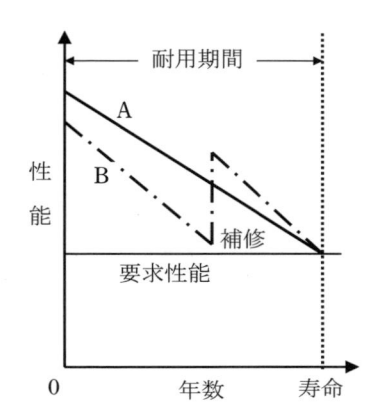

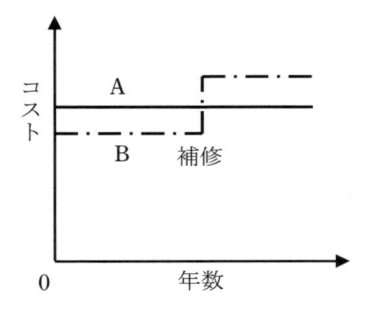

鉄筋表（延長10m当り）

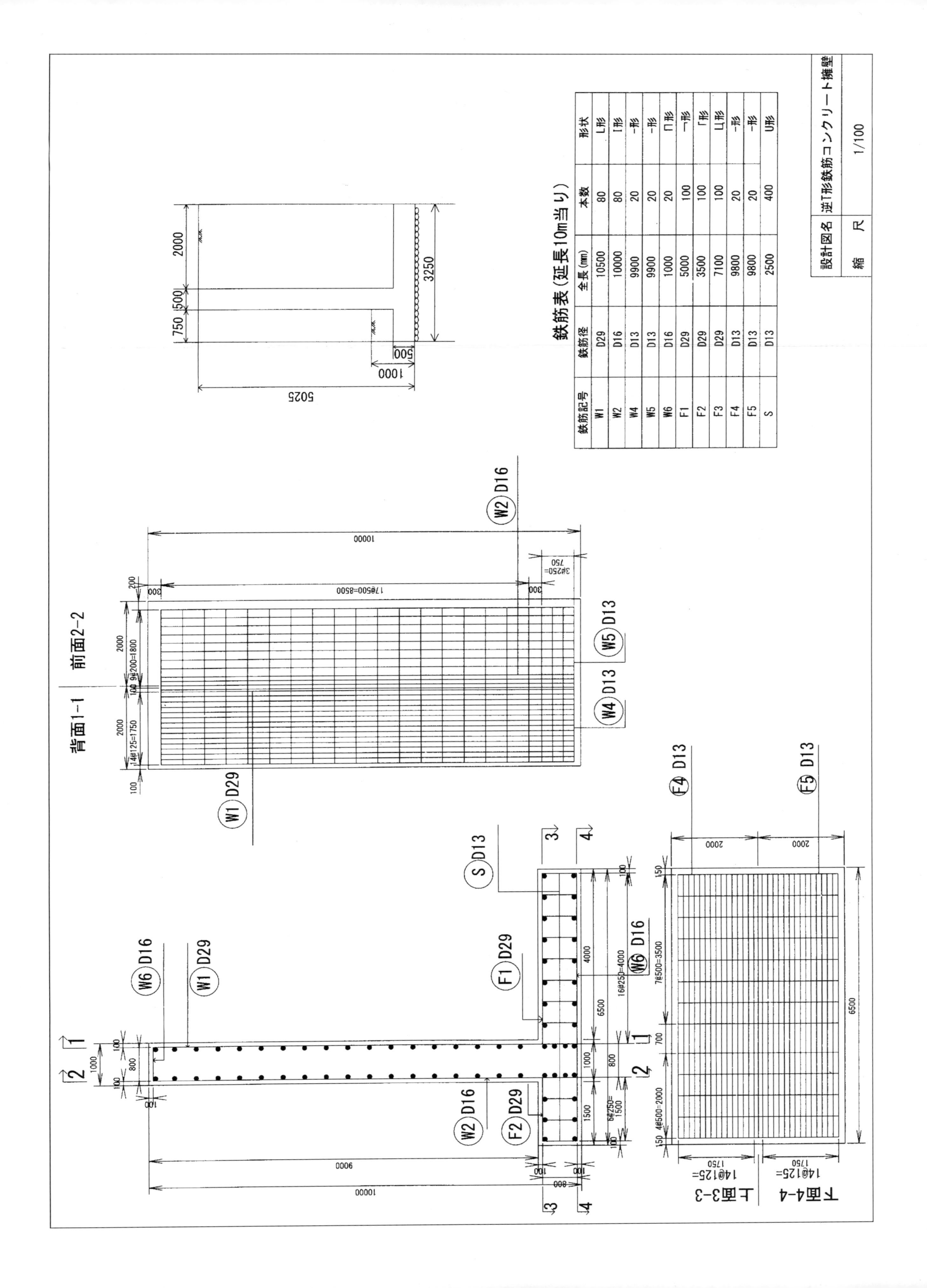

鉄筋記号	鉄筋径	全長(mm)	本数	形状
W1	D29	10500	80	L形
W2	D16	10000	80	I形
W4	D13	9900	20	一形
W5	D13	9900	20	一形
W6	D16	1000	20	冂形
F1	D29	5000	100	一形
F2	D29	3500	100	「形
F3	D29	7100	100	凵形
F4	D13	9800	20	一形
F5	D13	9800	20	一形
S	D13	2500	400	U形

設計図名	逆T形鉄筋コンクリート擁壁
縮尺	1/100

鉄筋表（延長10m当り）

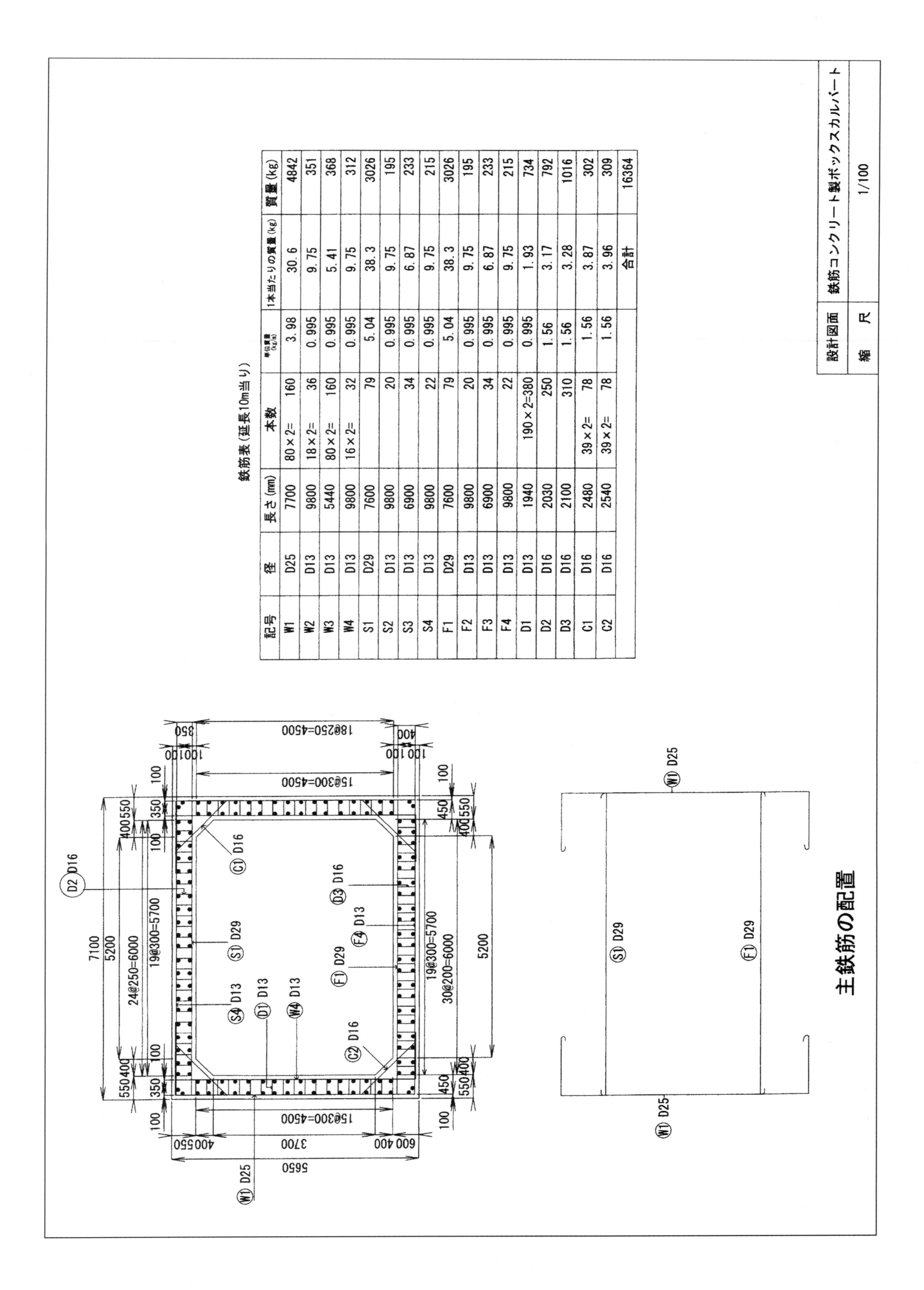

記号	径	長さ(mm)	本数	単位質量(kg/m)	1本当たりの質量(kg)	質量(kg)
W1	D25	7700	80×2= 160	3.98	30.6	4842
W2	D13	9800	18×2= 36	0.995	9.75	351
W3	D13	5440	80×2= 160	0.995	5.41	368
W4	D13	9800	16×2= 32	0.995	9.75	312
S1	D29	7600	79	5.04	38.3	3026
S2	D13	9800	20	0.995	9.75	195
S3	D13	6900	34	0.995	6.87	233
S4	D13	9800	22	0.995	9.75	215
F1	D29	7600	79	5.04	38.3	3026
F2	D13	9800	20	0.995	9.75	195
F3	D13	6900	34	0.995	6.87	233
F4	D13	9800	22	0.995	9.75	215
D1	D13	1940	190×2=380	0.995	1.93	734
D2	D16	2030	250	1.56	3.17	792
D3	D16	2100	310	1.56	3.28	1016
C1	D16	2480	39×2= 78	1.56	3.87	302
C2	D16	2540	39×2= 78	1.56	3.96	309
合計						16364

主鉄筋の配置

設計図面	鉄筋コンクリート製ボックスカルバート
縮 尺	1/100

参考文献

1) 土木学会コンクリート標準示方書［設計編］（2007年制定）、土木学会、2008.
2) 道路橋示方書共通編、日本道路協会、2002.
3) 戸川一夫、岡本寛昭、伊藤秀敏、豊福俊英：コンクリート構造工学（第3版）、森北出版、2010.
4) 風間徹、青木秀郎、小野正二：擁壁・カルバートの設計、山海堂、1997.
5) 道路土工―擁壁工指針、日本道路協会、1999.
6) 道路橋示方書下部構造編、日本道路協会、2002.
7) 道路土工―カルバート工指針（平成21年度版）、日本道路協会、2010.
8) 道路橋示方書コンクリート橋編、日本道路協会、2002.

資　料

付表 1　異形鉄筋の規格

記　号	降伏点または 0.2%耐力 (N/mm²)	引張強度 (N/mm²)	ヤング係数* (N/mm²)
SD295A	295 以上	440〜600	
SD295B	295〜390	440 以上	
SD345	345〜440	490 以上	2.0×10^5
SD390	390〜510	560 以上	
SD490	490〜625	620 以上	

*　実用値を示す

付表 2　異形鉄筋の断面積 (mm²)

呼び名	単位質量 (kg/m)	1本	2本	3本	4本	5本	6本	7本	8本	9本	10本
D10	0.560	71.33	142.7	214	285	357	428	499	571	642	713
D13	0.995	126.7	253	380	507	633	760	887	1014	1140	1267
D16	1.56	198.6	397	596	794	993	1192	1390	1589	1787	1986
D19	2.25	286.5	573	859	1146	1432	1719	2006	2292	2578	2865
D22	3.04	387.1	774	1161	1548	1935	2323	2710	3097	3484	3871
D25	3.98	506.7	1013	1520	2027	2533	3040	3547	4054	4560	5067
D29	5.04	624.4	1285	1927	2570	3212	3854	4497	5139	5782	6424
D32	7.23	794.2	1588	2383	3177	3971	4765	5559	6354	7148	7942
D35	7.51	956.6	1913	2870	3826	4783	5740	6696	7653	8609	9566

付表 3　コンクリートの設計基準強度 f'_{ck} とヤング係数 E_c
（コンクリート標準示方書、普通コンクリート）

f'_{ck} (N/mm²)	18	21*	24	27*	30	40	50	60
E_c (N/mm²)	22000	24000	25000	26000	28000	31000	33000	35000

*　近似式で計算　$E_c = -3.12 f'^2_{ck} + 553 f'_{ck} + 13500$ (N/mm²)

索　引

あ

圧縮鉄筋　　122
安全係数　　3, 4, 21, 24, 29, 44, 75
安全性　　2, 3, 9, 11, 14, 18
安全性照査　　4
安全性の照査　　3, 10, 44, 54, 56
安全余裕　　2

う

ウイング　　65
裏込め土　　20, 28, 31, 34, 51

え

鉛直支持　　14, 20, 21, 28, 36
鉛直土圧　　66
鉛直目地（ひび割れ誘発目地）　　25

か

かかと版　　17, 50, 52, 53, 55, 57
かかと版の設計断面力　　52
荷重係数　　3
荷重項　　71, 79, 112
荷重修正係数　　3, 29, 51, 75
仮想背面　　31
カルバート　　64

き

規格値　　3
基本定着長　　119
逆T形鉄筋コンクリート擁壁　　17
逆T形鉄筋コンクリート擁壁の設計フロー　　18
供用荷重　　28, 37, 44, 57, 111, 112
供用荷重による地盤反力　　38
許容応力度設計法　　2
許容ひび割れ幅　　117

く

隅角部　　123

け

決定論的手法　　3
限界状態設計法　　2〜4, 18, 24, 75

こ

構造解析係数　　3
構造物係数　　3, 7, 9, 10, 21
剛体安定性　　18, 20, 28
剛比　　70, 80, 113
後輪による鉛直土圧　　67
コンクリートの設計圧縮強度　　5, 6, 43
コンクリートの設計せん断耐力　　107
コンクリートの設計付着強度　　59

さ

最小鉄筋比　　57, 105
最大鉄筋比　　105
材端モーメント　　70
材料　　2
材料係数　　3

し

試行くさび法　　19, 31, 39
支持地盤　　22, 27, 37
支持力係数　　22
地震合成角　　19, 33
地震時すべり角　　20, 34
地震時における照査　　55, 56
地震時における設計断面力　　42, 51
自動車後輪荷重　　76
地盤の極限支持力　　21
地盤反力　　17, 28, 37, 38, 46, 47, 49〜52, 76〜78
修正係数　　3
主鉄筋　　24, 43, 89, 119, 120
主鉄筋の基本定着長　　59
主鉄筋の定着長　　59
主働土圧合力　　31, 32
衝撃係数　　67, 76
常時における照査　　54, 56
常時における設計断面力　　42, 51
使用性　　2, 18
伸縮継目　　25

す

水平支持　　14, 20, 21, 28, 35
水平土圧　　66
スターラップ　　107〜109, 111, 120, 121

せ

性能指標　2
設計荷重　4, 82〜86
設計強度　5, 43, 89
設計許容支持力　37
設計軸耐力　9
設計軸方向力　9
設計条件　26, 74
設計せん断耐力　9, 10, 44, 54, 56
設計断面耐力　4, 92, 94〜99, 101, 103, 104
設計断面力　4, 43, 48, 84, 85, 87〜89, 97, 100
設計断面力による偏心距離　8, 92〜99, 101, 103, 104
設計斜め圧縮破壊耐力　10, 105, 108〜111
設計曲げ耐力　6, 9, 44, 54
設計輪荷重　3
節点方程式　70, 81
せん断補強鉄筋　10, 44, 54, 61, 107〜109, 111
せん断補強鉄筋の設計降伏強度　10
せん断力による断面破壊に対する安全性　54〜56
前輪による鉛直土圧　67

そ

側壁　82, 85, 90, 106〜108, 113
側壁下端部　116

た

耐久性　2, 18, 28, 75, 111
耐震性　2, 72
たて壁　17, 23, 24, 29, 39, 42〜44, 54, 58
たて壁に作用する設計断面力　42
たて壁の鉛直圧縮鉄筋　60
たて壁の主鉄筋　60
たわみ角法　69
たわみ角法の基礎式　70
断面解析　4, 5
断面耐力　4
断面の核内距離　116
断面破壊　2, 4, 7, 14, 18, 28, 29, 42, 75
断面力　4

ち

地盤反力　57
頂版　83, 86, 97, 106, 109, 114
頂版中央部　117
沈下　25

つ

つま先版の設計断面力　48, 50, 52
つま先版　17, 48〜50, 53
つま先版における安全性の照査　53
つり合い鉄筋比　44, 57
つり合い破壊状態　7, 8
つり合い破壊状態における偏心距離　8
つり合い破壊状態の断面耐力　92, 93, 99, 104
つり合い破壊状態の偏心距離　92, 93, 99, 101, 103, 104

て

T荷重　76
底版　17, 24, 29, 53, 58, 84, 87, 100, 106, 110, 115
底版上側の圧縮鉄筋　60
底版上側の主鉄筋　60, 61
底版中央部　118
底版の設計断面力　53
鉄筋の設計圧縮強度　6
鉄筋の設計引張降伏強度　6, 43, 59
鉄筋比　6, 43, 91
鉄筋表　124
転倒　14, 20, 25, 28, 34

と

等価応力ブロック高さ　44, 94
等価応力ブロックの高さ　6, 8
土かぶり　66〜69

な

斜め圧縮破壊に対する安全性　10

は

排水工　25, 26
配力鉄筋　43, 122
破壊形式　7
ハンチ断面　90

ひ

ひび割れ幅　11, 58

ふ

部材係数　3, 6, 9, 10
部分安全係数法　3

へ

壁面摩擦角　20, 33
偏心距離　7, 91

ほ

ボックスカルバート　64〜66, 74
ボックスカルバートの設計フロー　72

ま

曲げひび割れ幅　　11, 28, 44〜46, 57, 58, 111, 112,
　　115〜119
曲げモーメントによる断面破壊に対する安全性
　　54〜56

よ

要求性能　　24
擁壁　　14, 19, 25
擁壁の分類　　14, 15

ら

ラーメン解析　　80, 113

り

輪荷重　　3

れ

劣化　　2

著者略歴

岡本 寛昭（おかもと ひろあき）

1946 年生まれ
日本大学理工学部および東京都立大学大学院において土木工学を学ぶ
舞鶴工業高等専門学校において 39 年間教育研究に従事
現在、舞鶴工業高等専門学校名誉教授 同非常勤講師
水嶋クリエイティブグループ顧問
工学博士、土木学会フェロー

［著書］
建設材料実験法（共著、鹿島出版会）
コンクリート構造工学（共著、森北出版）
コンクリート施工設計学序説（共著、技報堂出版）
舞鶴クレインブリッジ～地域社会に根付いた斜張橋～（文理閣）

擁壁・カルバートの限界状態設計
Limit State Design for Retaining Wall and Culvert

2012 年 4 月 10 日　第 1 刷発行

著　者　　岡　本　寛　昭

発行者　　鹿　島　光　一

発行所　　鹿　島　出　版　会
　　　　　104-0028　東京都中央区八重洲 2 丁目 5 番 14 号
　　　　　Tel. 03(6202)5200　振替 00160-2-180883
　　　　　無断転載を禁じます。
　　　　　落丁・乱丁本はお取替えいたします。

装幀：伊藤滋章　　DTP：エムツークリエイト
印刷・製本：壮光舎印刷
© Hiroaki Okamoto, 2012
ISBN 978-4-306-02441-0 C3052　　Printed in Japan

本書の内容に関するご意見・ご感想は下記までお寄せください。
URL：http://www.kajima-publishing.co.jp
E-mail：info@kajima-publishing.co.jp